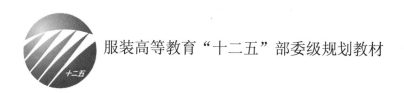

服装高等教育"十二五"部委级规划教材

女装结构设计

（案例篇）

李莉莎　郭思达　著

U0279742

中国纺织出版社

内 容 提 要

本书是《女装结构设计》（理论篇）的姊妹篇，是实操性辅助教材。

书中款式新颖、时尚，并很好地结合市场需求。通过对款式的解析过程，读者可以准确地理解女装结构设计的特点、结构分析的过程以及结构图绘制的程序。此外，对服装在人体活动中的变化规律以及对服装不同部位的牵扯及处理方法等内容进行了较为详尽的分析。

本书将女装结构设计实例按照结构规律进行分类、总结，利用服装理论的规律性，为读者建立独立思考的方法，可使读者更好地理解女装结构的实质。

本书是服装专业师生、服装从业人员的学习参考书，也是服装爱好者深入了解服装从理论到实践的必备书籍。

图书在版编目（CIP）数据

女装结构设计.案例篇／李莉莎，郭思达著. -- 北京：中国纺织出版社，2016.6

服装高等教育"十二五"部委级规划教材

ISBN 978-7-5180-2438-4

Ⅰ.①女… Ⅱ.①李…②郭… Ⅲ.①女服—结构设计—案例—高等学校—教材 Ⅳ.① TS941.717

中国版本图书馆 CIP 数据核字（2016）第 051537 号

责任编辑：华长印　特约编辑：马 涟　责任校对：楼旭红
责任设计：何 建　责任印制：何 建

中国纺织出版社出版发行
地址：北京市朝阳区百子湾东里 A407 号楼　邮政编码：100124
销售电话：010—67004422　传真：010—87155801
http://www.c-textilep.com
E-mail: faxing@c-textilep.com
中国纺织出版社天猫旗舰店
官方微博 http://weibo.com/2119887771
北京通天印刷有限责任公司印刷　各地新华书店经销
2016 年 6 月第 1 版第 1 次印刷
开本：787×1092　1/16　印张：11.75
字数：190 千字　定价：32.00 元

出版者的话

《国家中长期教育改革和发展规划纲要》中提出"全面提高高等教育质量""提高人才培养质量"。教育部教高[2007]1号文件"关于实施高等学校本科教学质量与教学改革工程的意见"中，明确了"继续推进国家精品课程建设"，"积极推进网络教育资源开发和共享平台建设，建设面向全国高校的精品课程和立体化教材的数字化资源中心"，对高等教育教材的质量和立体化模式都提出了更高、更具体的要求。

"着力培养信念执着、品德优良、知识丰富、本领过硬的高素质专业人才和拔尖创新人才"，已成为当今本科教育的主题。教材建设作为教学的重要组成部分，如何适应新形势下我国教学改革要求，配合教育部"卓越工程师教育培养计划"的实施，满足应用型人才培养的需要，在人才培养中发挥作用，成为院校和出版人共同努力的目标。中国纺织服装教育学会协同中国纺织出版社，认真组织制订"十二五"部委级教材规划，组织专家对各院校上报的"十二五"规划教材选题进行认真评选，力求使教材出版与教学改革和课程建设发展相适应，充分体现教材的适用性、科学性、系统性和新颖性，使教材内容具有以下三个特点：

（1）围绕一个核心——育人目标。根据教育规律和课程设置特点，从提高学生分析问题、解决问题的能力入手，教材附有课程设置指导，并于章首介绍本章知识点、重点、难点及专业技能，增加相关学科的最新研究理论、研究热点或历史背景，章后附形式多样的思考题等，提高教材的可读性，增加学生学习兴趣和自学能力，提升学生科技素养和人文素养。

（2）突出一个环节——实践环节。教材出版突出应用性学科的特点，注重理论与生产实践的结合，有针对性地设置教材内容，增加实践、实验内容，并通过多媒体等形式，直观反映生产实践的最新成果。

（3）实现一个立体——开发立体化教材体系。充分利用现代教育技术手段，构建数字教育资源平台，开发教学课件、音像制品、素材库、试题库等多种立体化的配套教材，以直观的形式和丰富的表达充分展现教学内容。

教材出版是教育发展中的重要组成部分，为出版高质量的教材，出版社严格甄选作者，组织专家评审，并对出版全过程进行跟踪，及时了解教材编写进度、编写质量，力求做到作者权威、编辑专业、审读严格、精品出版。我们愿与院校一起，共同探讨、完善教材出版，不断推出精品教材，以适应我国高等教育的发展要求。

中国纺织出版社
教材出版中心

前言

    本书在一套完整的服装结构设计理论体系下，依据流行趋势，设计了较为时尚、新颖的女装款式，并以《女装结构设计（理论篇）》为基础，深入分析不同款式结构图的构成原理，总结其规律，使读者更好地理解女性人体和服装之间的"立体—平面—立体"结构关系，更准、更快地掌握女装结构的特点与规律。

    本书图文并茂，案例实操，建议与《女装结构设计（理论篇）》配合使用。作为实操教材，与理论篇的教学时长相同（三个学期）。较为复杂的实例，可以视教学情况作为选修内容，或作为学生课外学习的补充。适宜服装专业师生、服装企业技术人员以及服装爱好者使用。

    本人对女装结构设计的研究已有20余年，十分注重服装结构规律性的挖掘，以及对学生进行逻辑思维的强化，并具有独立女装设计工作室的实践经验。另一作者郭思达老师取得了英国Kingston Unversity时装设计专业及时装管理专业的双硕士，现从事时尚媒体记者及时尚管理顾问工作，参与时尚专题节目的策划、采访，参加欧洲各大时装周活动，经常采访国际著名设计师，对时尚前沿有独特见解。

    书中图片由张月晰、吕曼绘制。在此对两位表示感谢。

    由于编写时间仓促，书中难免有不足之处，敬请广大读者和同行批评指正。

李莉莎

2016年1月

教学内容及课时安排

章/课时	课程性质	节	课程内容
第一章 （72课时）	实操与应用 （162课时）		·女下装结构设计实例分析
		第一节	半身裙结构设计实例分析
		第二节	裤子结构设计实例分析
第二章 （54课时）			·女上装结构设计实例分析
		第一节	衣身省与分割线的结构设计实例分析
		第二节	衣身褶的结构设计实例分析
		第三节	领与袖的结构设计实例分析
第三章 （36课时）			·衣、裙相连与衣、裤相连的结构设计实例分析
		第一节	连衣裙结构设计实例分析
		第二节	大衣、风衣结构设计实例分析
		第三节	连衣裤结构设计实例分析

注 本教材是《女装结构设计（理论篇）》的拓展教材，补充实训练习使用。配合《女装结构设计（理论篇）》，三个学期完成教学。也可根据自身的教学特色和教学计划对课程时数进行调整。

目录

实操与应用——

女下装结构设计实例分析

课程名称： 女下装结构设计实例分析

课题内容： 女下装包括半身裙和裤子。在众多的款式中，最重要的内容是省的转移和褶的设计，掌握省转移的三个类型（省的纵向转移、横向转移以及异位省）对多数下装来说，都会较容易地进行结构分析。本章内容通过实例对不同款式的下装进行较为详尽的结构分析，帮助读者更深地理解不同款式的结构特点，更好地掌握下装从款式到结构图的分析过程。

课程时间： 72课时

教学目的： 掌握下装结构设计原理以及具体款式的分析过程，对"省"和"褶"在下装中的作用及意义有较深刻的理解，很好掌握所给实例的分析过程。

教学方式： 理论篇的补充教材，实训练习。

教学要求： 1. 结合理论篇，较好理解实例分析的原理，以达到对下装常见款式的独立分析与结构图的绘制。

2. 通过实例掌握下装省转移及褶量放出的基本方法及特点。

第一章　女下装结构设计实例分析

按照服装结构设计原理分类，女装可分为上装、下装和上下相连的结构类型，其中下装包含半身裙与裤子两类。由于半身裙和裤子都是包裹人体腰节以下部分的服装，因此在结构设计中各处量的分配、省的转移和褶的形成等结构原理有许多相似之处。

下装与上装结合为一体，即成为连衣裙或连衣裤，所以下装除可以独成一类外，还是衣与裙相连、衣与裤相连结构的基础。

第一节　半身裙结构设计实例分析

半身裙款式变化多样，其变化重点多在腰腹、下摆等部位。年轻人可以将半身裙穿在上衣外面，腰腹部位可以作为设计的重点，在设计上时尚大胆、风格多样。中年以上女性体态发福，腰腹部位丰满，多以简练的线条、大方的款式为设计重点，裙子往往穿在上衣里面，腰腹部位不应成为设计重点。

许多半身裙都是综合多种结构变化，在分析款式、进行结构设计时，需要对所有省的变化、褶的形成以及廓型的确定有一个明确的认识，才可使结构设计的条理更为清晰、简便。

一、半身裙基础结构要点

半身裙基础结构图是半身裙结构的基础，女性人体相似的比例、廓形使得包裹人体的裙装的结构在结构线、基础公式、省量分配等方面都有相似的地方。只是对于不同女性个体的体型差异上，对腰省的省量分配有不同的结果。因此基础结构图（图1-1）即成为半身裙制图的基础。

基础结构图参考尺寸：

（单位：cm）

	L	W	H
净尺寸	50	68	90
放松量			+6
成品尺寸	3+47	68	96

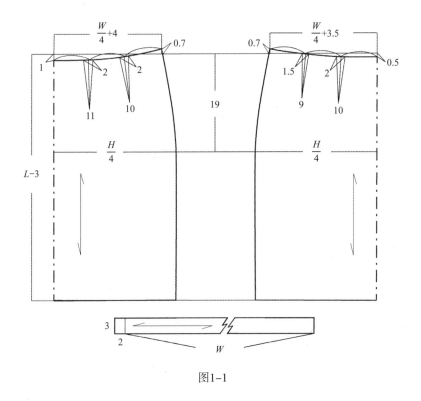

图1-1

在基础结构图中需要注意以下公式的应用:

（1）由于人体左、右对称，所以结构图只需绘制前片、后片的各一半。中国女性人体的腹部较为丰满，而臀大肌不够发达，人体前后围度差很小，因此，在半身裙$\frac{1}{4}$裁片结构中围度的基础公式相同，即前、后腰围=$\frac{W}{4}$，前、后臀围=$\frac{H}{4}$。

（2）省量的确定：人体腰细、臀大，它们之间的差量即为"省"（需要省略的量，定义为广义的"省"），这个量可以利用不同方法进行收进：侧缝处的省可以裁剪掉，裁片上的省可以车缝收进（这个量即为狭义的"省"）。对多数体型来说，裁片上省量的范围为$\left(\frac{H}{4}-\frac{W}{4}\right)\frac{1}{2}\leqslant$省量$\leqslant\left(\frac{H}{4}-\frac{W}{4}\right)\frac{2}{3}$。人体体型不同，所确定的省量可在这个范围内进行调整。

（3）省位的确定：一般情况下，省位按照等分的原则确定，省的分布越均匀，收省之后所形成的外观就越圆润。省转移设计时，应该将新的省与基础省之间的关系进行协调，达到款式与结构均合理的效果。

（4）省量分配原则：省长→省量大，省短→省量小。在一定条件下，尽量将省道加长，这样可以减小省角，使收省后的外观圆润。

（5）半身裙在廓形的变化上可分为腰口的变化（低腰、高腰）和裙摆的变化（放摆、收摆）。不论款式如何，在制图时首先分析其下摆的廓形，按照基础结构中收摆或放摆（切线原则）的结构原理绘制基础结构图，在此基础上再对细部结构进行结构分析。

二、半身裙腰省转移实例分析

半身裙的分割线设计多数涉及基础省，纵向分割线应该与同方向的基础省相结合，使设计简练、重点表达更加明确。

半身裙基础省是为处理腰臀之间的差量（狭义的省量）所收进而形成的纵向缝，在理论上，腰省可以向裙片的任何位置转移，但在设计省转移的位置或形式时，需要在保证功能的前提下，从审美角度更适合现代时尚标准。

基础腰省转移可以分为：$\left\{\begin{array}{l}\text{省的纵向转移（向下摆转移）}\\\text{省的横向转移（过腰）}\\\text{异位省}\end{array}\right.$

1. 省的纵向转移

例1. 高腰八片大摆裙（图1-2）

款式特点：较宽松型，高腰大摆裙，八片结构，腰臀间有横向装饰分割线。

参考尺寸：

（单位：cm）

	L	W	H
净尺寸	80	68	90
放松量			+12
成品尺寸	8+72	68	102

结构分析：

①参考尺寸裙长中的8cm是高腰量，腰节以下裙片长72cm，高腰量不会影响裙子的基础长度。在基础结构图中高腰部分在基础腰口上进行绘制。

②省量的确定：款式臀围的放松量较大，按照省的取值理论，腰省的取值范围是 $\left(\frac{H}{4}-\frac{W}{4}\right)\frac{1}{2}=4.25\sim\left(\frac{H}{4}-\frac{W}{4}\right)\frac{2}{3}=5.67$。由于裙子为大下摆结构，前、后片放摆量应一致，因此，设计前、后片省量相同，均为4.5cm，且省的长度相等，可以使下摆的放摆量基本相同。腰部的横向分割线是装饰性设计，可将省的长度设计在此。三条纵向分割线可以容纳全部省量。

③省量的分配：八片裙的省与分割线结合，但为使腹部廓形比较平坦，前中心线处的省量通常≤1.5cm。在本款中，所设计的省量4.5cm可以平均分配在各条分割线中：中线省

1.5cm、裙片上省3cm。省量关于分割线对称（分割线即为省中线），并将省道向下摆延长，即构成裙子下摆的放大量；侧缝放摆仍使用切线原则得到。

④高腰部分的结构：设计高腰宽8cm，将基础腰口曲线向上平移设计量，为适应人体腰部以上逐步增加的胸廓围度，需要减小腰口省量。但为保持腹部的平坦，高腰部分前中心线处的省量需要保持不变。腰口省适当减小，腰侧加放0.5cm。而后中心线应适当放出0.2cm，以使后腰曲线更符合人体。

⑤腰口曲线的修正：腰口曲线与侧缝的夹角需要保持垂直才可使侧缝缝合后腰口曲线光滑，因此需要将腰口曲线在腰侧点附近修正，使其与侧缝之间的夹角为90°。

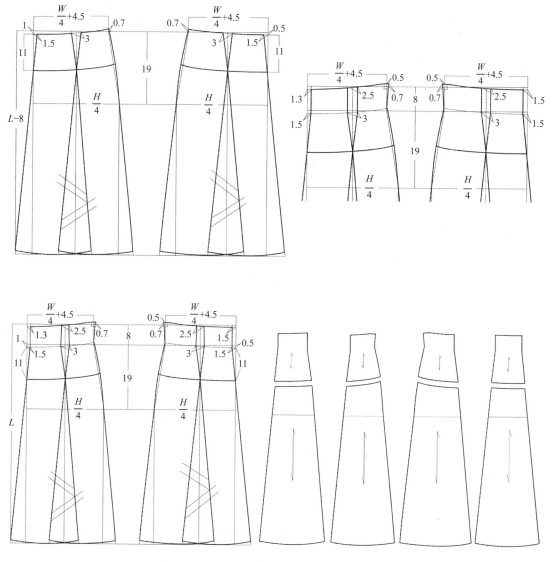

图1-2

例2. 高腰包臀裙（图1-3）

款式特点：合体型，高腰、包臀。纵向分割线与基础省结合。

参考尺寸：

（单位：cm）

	L	W	H
净尺寸	54	68	90
放松量			+4
产品尺寸	7+47	68	94

结构分析：

①按照高腰、收摆结构绘制基础结构图。

②高腰结构的腰头宽度为7cm，腰口处的省量应适当减小，并在腰侧增加0.5cm，使腰头符合人体腰节以上部位所增加的胸廓。

③中省与纵向分割线结合。确定半过腰分割线的位置，侧省的省尖至过腰分割线。

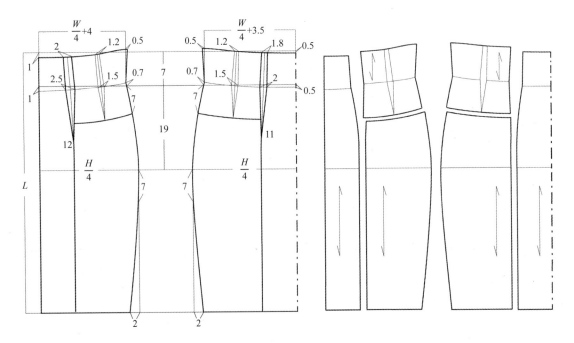

图1-3

例3. 尖角圆裙（图1-4）

款式特点：宽松型，180°尖角圆裙。

参考尺寸：

（单位：cm）

	最短处长L_1	尖角最长L_2	W
净尺寸	55	70	68
放松量			
成品尺寸	3+52	3+67	68

结构分析：180°圆裙，前、后片各90°。按照圆裙原理绘制结构图，不需要臀围的值。

①确定腰口半径：绘制裙片的一半，腰围$=\dfrac{W}{2}$，夹角是整体裙片的一半，即$90° = \dfrac{\pi}{2}$，所以腰口半径$r = \dfrac{W/2}{\pi/2} = \dfrac{W}{\pi} = 21.66$

②裙子下摆呈尖角，最短处为前、后中线与侧缝，左侧缝为对折线，右侧开口装拉链。

③确定裙子最短与最长的值，前、后中心线为斜纱向，因此在前、后中线的下摆附近需要修正由于斜纱自然悬垂而多出的量。

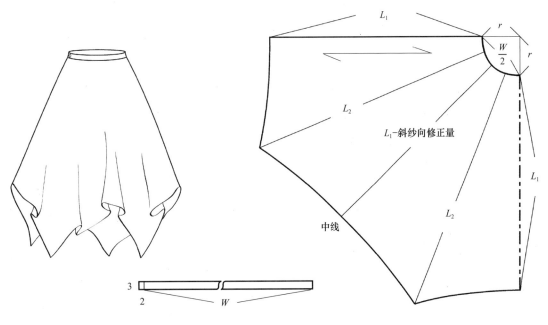

图1-4

2. 省的横向转移（过腰）

基础腰省为腰、臀之间的纵向形式，将其转移至其他位置时，同样具有省的功能性，但较基础省更具装饰效果，因此省的转移是半身裙中常使用的设计手法。将省转移为横向形式时，多数与横向分割线相结合，构成半身裙的过腰或半过腰形式。

例4. 曲线过腰裙（图1-5）

款式特点：合体型，A字廓型，曲线形过腰的低腰结构。

参考尺寸：

（单位：cm）

	L	W	H
净尺寸	50	68	90
放松量			+4
产品尺寸	3+47	68	94

结构分析：

①裙子长度 L 中设计3cm低腰量，在结构制图时，低腰量部分应一同考虑，也就是按照完整的裙子进行制图，其后再将低腰量减除。

②按照款式设计确定A字裙结构。腰省取值在 $\left(\dfrac{H}{4}-\dfrac{W}{4}\right)\dfrac{1}{2} \sim \left(\dfrac{H}{4}-\dfrac{W}{4}\right)\dfrac{2}{3}$ 之间，即 $3.25 \leqslant$ 腰省量 $\leqslant 4.3$，前、后片省量取值分别为3.5cm及4cm。前裙片上过腰分割线为尖角造型，后片过腰分割线是与腰口曲线平行的光滑曲线。腰省长度至过腰分割线，省的长度可以消化所设计的省量。

③减去低腰量3cm。过腰基础省合并，将省转移至分割线处。

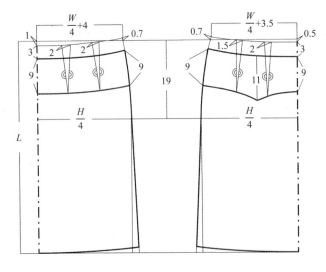
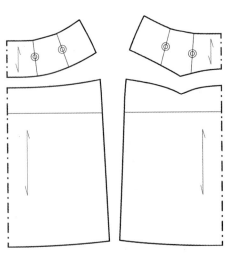

图1-5

例5. 牛仔裙（图1-6）

款式特点：最常见的牛仔裙款式，较合体型，A字廓型。过腰形似腰头，后片第二层过腰设计为V字状。前片有月牙形插兜，后贴兜。

参考尺寸：

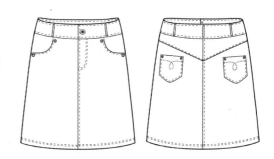

		L	W	H
	（单位：cm）			
净尺寸		55	68	90
放松量				+6
产品尺寸		55	68	96

结构分析：

①在基础A字裙上增加过腰分割线，表面上看似另装的腰头，实际为过腰，过腰宽5cm，在其上装有穿带；前后过腰的宽度相同。后片在平行过腰的基础上又增加了一个V形过腰。

②在省量取值3.5~4.7cm的范围内确定前后省量。前片受到过腰宽度的限制，无法消化全部省量，将中省剩余的省量a移至兜垫底与裙片的分割线处，即省与纵向分割线结合。侧省在垫底处合并。后片腰省至第二个V形过腰分割线处。

③合并所有过腰部分的省，并修正省的边缘线，使过腰曲线光滑。

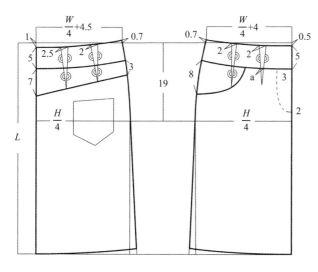

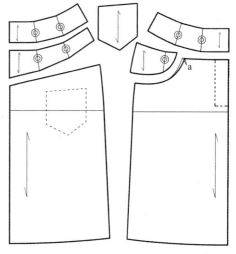

图1-6

例6. 过腰大摆短裙（图1-7）

款式特点：过腰部分为较合体型，下摆为360°裙。过腰前片设计装饰带襻。

参考尺寸：

（单位：cm）

	L	W	H
净尺寸	50	68	90
放松量			+8
产品尺寸	50	68	98

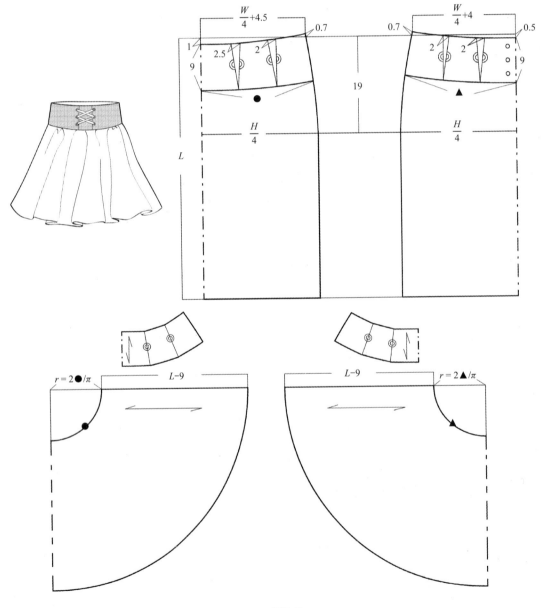

图1-7

结构分析：

①为保证过腰部分的合体，按照基础结构图绘制过腰，并将基础腰省转移至过腰分割线中。前过腰穿绳装饰，突出大摆裙的动感与活力。在基础结构图中的裙片部分没有实际用途，360°裙片按照圆裙的结构制图方法绘制。

②360°裙片的绘制需测量过腰分割线的长度▲和●，以此作为基础绘制裙片。圆裙裙片需要预裁，悬垂24小时，使下摆充分下垂，再修正下摆使之长度相同。

例7. 装饰过腰裙（图1-8）

款式特点：合体型，包臀、收摆结构。腰口设计装饰过腰，夹于中省之中。后中缝装拉链，并设计开衩。

参考尺寸：

（单位：cm）

	L	W	H
净尺寸	47	68	90
放松量			+4
成品尺寸	47	68	94

结构分析：

①收摆结构在臀围以下7cm处开始。为保证行走方便，后中心开衩，开衩在臀围线以下20cm处。

②基础省需要根据款式的特殊性进行设计。过腰装饰片要夹入中省内，所以中省的长度应能容纳过腰，设计过腰宽为9cm，省长至少需要13cm。但侧省应隐藏在装饰过腰之下，其省长应短于装饰片，省量同时减小。

③装饰过腰的结构与裙片过腰的结构相同。按照款式设计，装饰过腰片较裙子略宽松，因此，在侧缝增加2cm宽松量。在装饰片上相应位置的侧省长度直达装饰片下摆，合并省。将前后装饰片合并，使侧缝连为一体。

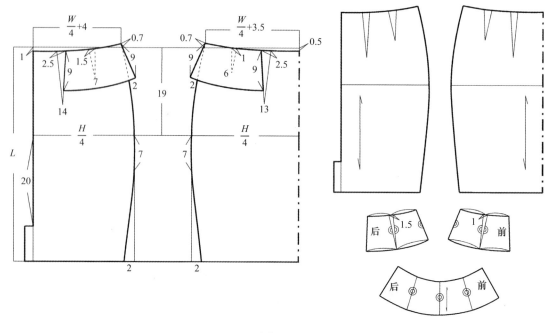

图1-8

例8. 不对称过腰（图1-9）

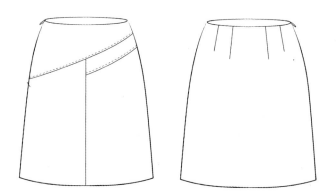

款式特点：不对称过腰设计，裙子左侧的双层过腰弥补了由于第一层过腰较窄而无法有效处理基础省的难题，成为设计的重点。

参考尺寸：

（单位：cm）

	L	W	H
净尺寸	55	68	90
放松量			+8
产品尺寸	55	68	98

结构分析：

以A字裙为基础，首先设计过腰分割线。分割线的位置和宽度要考虑到基础省所能达到的范围，再根据分割线的位置确定省的长度。左、右省的长度为不对称设计，但省尖必须达到过腰分割线。

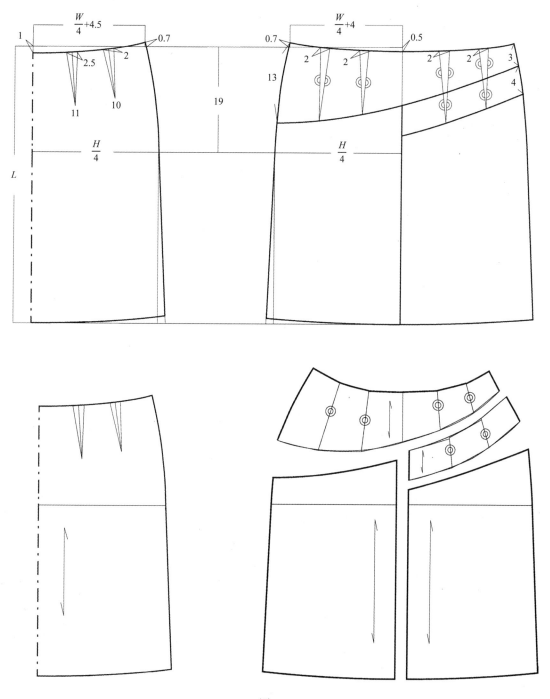

图1-9

例9. 半过腰裙（图1-10）

款式特点：较合体型，A字廓型，前片为半过腰结构，并在过腰分割线中夹入装饰袋盖，后片为V字形过腰。

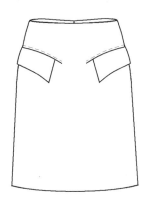
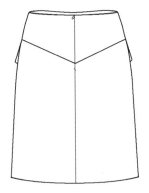

参考尺寸：

（单位：cm）

	L	*W*	*H*
净尺寸	55	68	90
放松量			+6
产品尺寸	55	68	96

结构分析：

①按照A字裙廓型确定半身裙的基础结构。腰省由臀腰差的比例公式确定：

$$\left(\frac{H}{4}-\frac{W}{4}\right)\frac{1}{2}\leqslant省量\leqslant\left(\frac{H}{4}-\frac{W}{4}\right)\frac{2}{3}，即3.5\leqslant省量\leqslant4.7$$

假设穿着人的体型较为扁平，体侧腰臀斜度较大，裙片上所需省量较小，因此，选择前、后片省量分别为3.5cm和4cm。

②按照款式设计的位置确定前片的半过腰分割线及后片的V字形过腰，它们在侧缝的宽度相同。

③基础省长至过腰分割线。前片的中省必须与过腰分割线的端点相通，这样才可满足半过腰缝份的需求。合并过腰部分的省，将省转移至过腰分割线中。光滑修正过腰分割线。

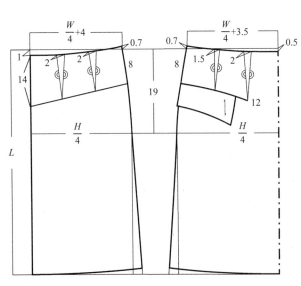
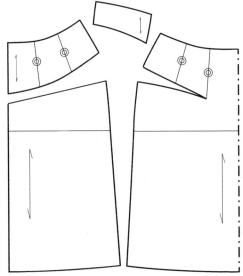

图1-10

3. 异位省

例10. 中线双异位省（图1-11）

款式特点：较合体型，放摆结构，前片省转移至中缝处，形成异位省。为保证省转移的可行性，在款式设计时应该充分考虑异位省的位置与长度和基础省之间的关系。

参考尺寸：

（单位：cm）

	L	W	H
净尺寸	55	68	90
放松量			+6
产品尺寸	55	68	96

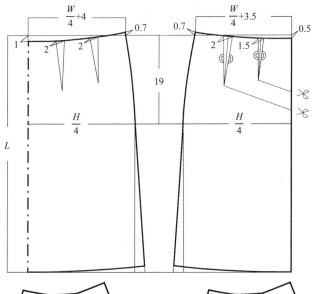

设计异位省的位置时，应充分注意基础省的允许范围以及与异位省之间的关系，它们必须相连才是实行省转移的前提。基础省的省量应该按照省长省量大、省短省量小的原则设计。

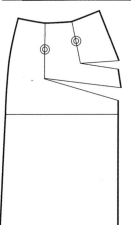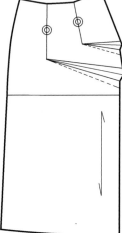

分别将两个基础省转移至异位省处。

假设异位省的省量倒向下方，按照对称法修正省的边缘线。此时省的边缘线在中线以外，因此在款式设计时，裙子的前中线必须为分割线，才可保证突出的省满足裁剪工艺的需要。

图1-11

例11. 异位省及省与纵向分割线结合（图1-12）

款式特点：前片流线型分割线与异位省结合，在结构上体现了设计的重点，正因为有这条流线型分割线，才使得异位省的设计有可能实现。

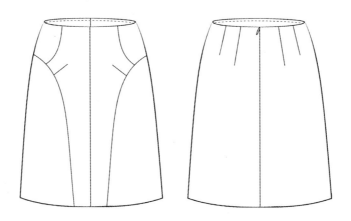

参考尺寸：

（单位：cm）

	L	W	H
净尺寸	50	68	90
放松量			+8
产品尺寸	50	68	98

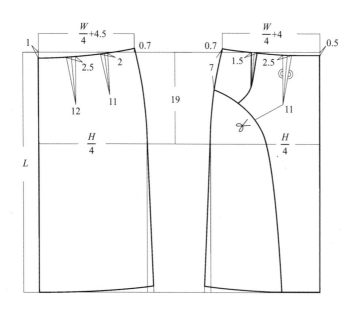

按照款式设计确定流线型分割线以及腰口处分割线的位置。侧省与弯曲的分割线结合，省长只能到分割线的弯曲点结束，中省转移为异位省。

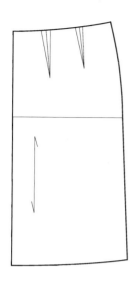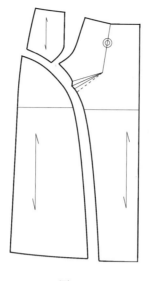

前裙片分割为三部分，基础腰省中的侧省与小裁片与中片的分割线结合，中省转移至异位省处。异位省的省量倒向下方，按照对称法修正省的边缘线。

图1-12

例12. 异位省牛仔裙（图1-13）

款式特点：较合体型，中长款收摆裙，前中线设计门襟、下摆开衩，前片过腰将部分省转移，剩余省集中于兜口分割线处。兜口及后片设计异位省，均为明省形式。

参考尺寸：

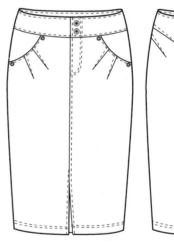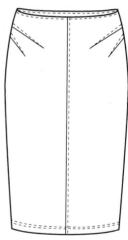

（单位：cm）

	L	W	H
净尺寸	70	68	90
放松量			+6
产品尺寸	70	68	96

结构分析：

①按照收摆裙确定基础结构图，由于裙子较长，虽然有开衩，收摆量也不能太小，否则开衩处处在张开状态，影响整体效果。

②确定前片过腰分割线、兜口以及装饰性异位省的位置。前片基础腰省按照基础位置绘制，超出过腰分割线的省转移、集中于兜口分割线中。

③后片第一条异位省与前片过腰位置相同，按照款式设计确定异位省，再将基础省尖与异位省相通，基础省转移至异位省。

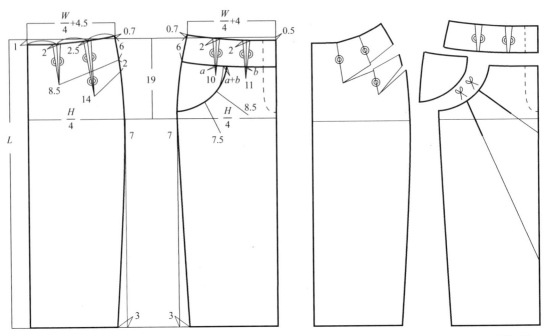

将前片异位省延长至裁片边缘，形成剪开线。

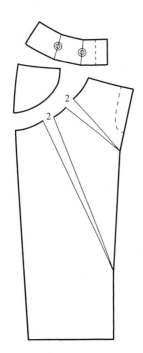

沿剪开线放出2cm省量。

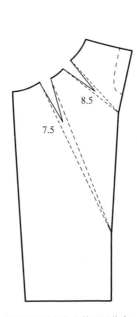

按照所设计的省长修正异位省。

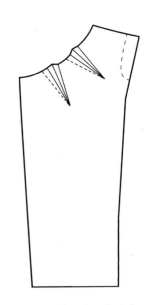

设计省倒向下方，按照对称法确定省的边缘线。

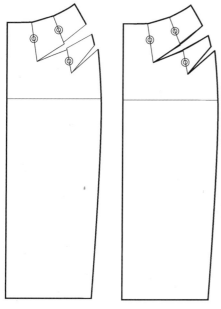

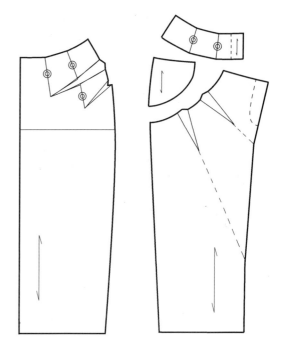

后片基础省转移至异位省。
长省经过两个基础省的转移，省道呈交错的折线
状，利用中线原则，将其修正为曲线。

图1-13

三、半身裙放褶实例分析

1. 半身裙的不同形式放褶分析

半身裙款式不同，放褶的形式也不一样。下面三款的基础结构图相同，均为半过腰裙，但裙片褶的形式不同，所放褶的原则也有所区别。正因为有过腰分割线才有了下部分裙片放褶的前提条件，过腰的省转移与下部分放褶单独进行。

例13. 裙片在分割线处抽褶、下摆长度不变（图1-14）

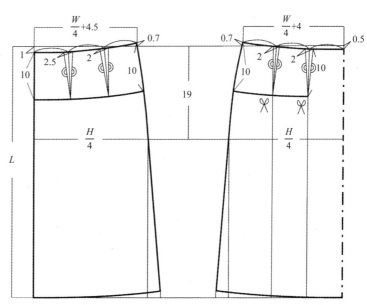

图1-14

　　前片半过腰、后片全过腰设计，10cm宽的过腰是基础省所能达到的范围，因此可以将省消化。前片过腰分割线以下的裙片抽褶，下摆并没有出现褶，长度没有变化，旋转放出褶量。

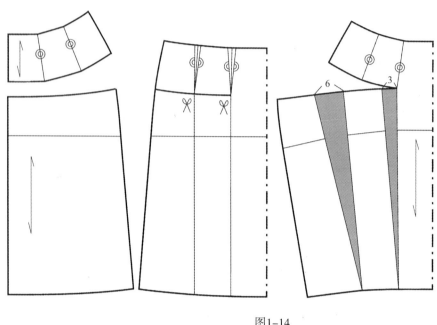

臀围附近抽自然褶，可使穿着者臀围加大，因此，褶量的设计需要很好把握。两条剪开线所放的褶量不同，中间的剪开线处只能在单侧抽褶，因此，所需的褶量较少，侧面剪开线所放出的褶量分配于剪开线的两侧，因此，褶量较大。

图1-14

例14. 裙片上、下均放褶（图1-15）

过腰分割线以下的裙片上部分抽自然褶，下摆所放出的褶量自然悬垂后形成褶。

前片放褶部位较短，所需褶量小，后片为全断腰结构，因此，需要的褶量大一些。

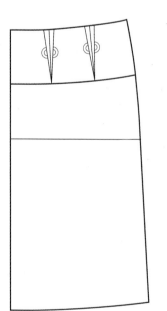
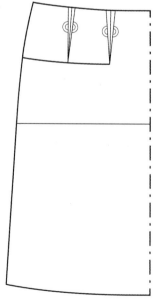

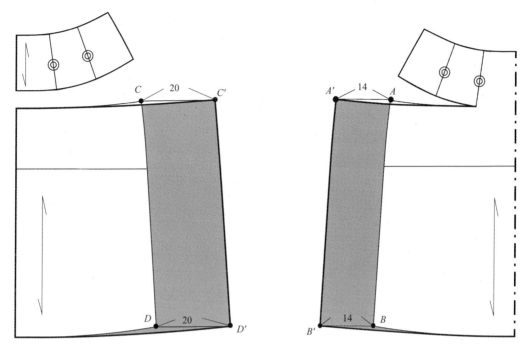

裙片平行放出褶量，平移时注意点之间的对应关系：前片中，A与A'、B与B'，后片中C与C'、D与D'是四对重要的对称点。

图1-15

例15．下摆放出褶量（图1-16）

前面两种情况增加褶量并没有涉及过腰部分，但如果裙片只增加下摆的量，裙片的过腰分割线将向上弯曲，会与过腰重叠，因此，若只加大下摆，必须将过腰与下部分裙片分离，成为独立的半过腰结构。

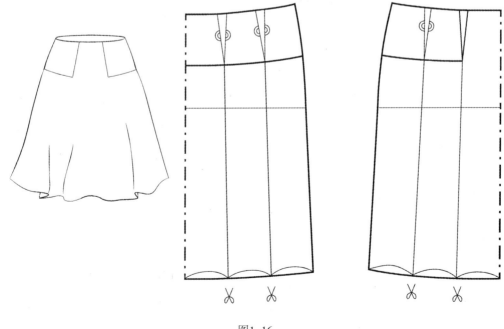

图1-16

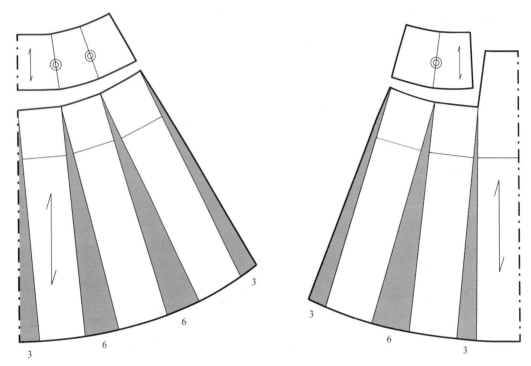

为保证下摆褶的均匀分布，放褶剪开线均匀设计，但不同部位的放褶量不同，侧缝和后中心只放出褶量的一半，前后侧缝合并、后片展开对折线后即得到与其他位置同样的褶量。

图1-16

2. 纵向放褶

例16. 顺褶裙（图1-17）

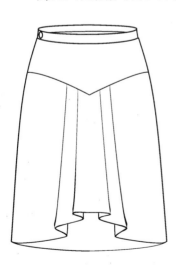

款式特点：较合体型，另装腰头，V字形过腰设计，下部分裙片对称设计两条顺褶，裙摆前短、后长。下摆两褶后面的褶量露出裙身，形成特殊效果。

参考尺寸：

（单位：cm）

	L	W	H
净尺寸	55	68	90
放松量			+8
产品尺寸	3+52	68	98

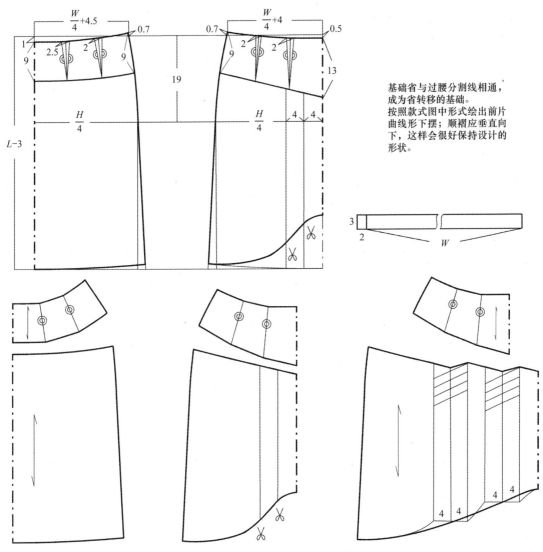

基础省与过腰分割线相通，成为省转移的基础。
按照款式图中形式绘出前片曲线形下摆；顺褶应垂直向下，这样会很好保持设计的形状。

过腰部分将基础省合并。顺褶部分平移放出褶量，并按照对称法修正上部边缘线，下摆边缘线利用中点原则光滑修正为一条光滑曲线。

图1-17

例17. 对褶裙（图1-18）

款式特点：较合体型，装腰头，曲线形过腰。前片过腰的尖角处设计对褶。

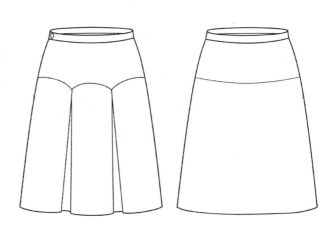

参考尺寸：

（单位：cm）

	L	W	H
净尺寸	55	68	90
放松量			+8
产品尺寸	3+52	68	98

结构分析：

①以放摆裙廓型确定基础结构图，过腰宽度12cm。

②确定省量：$\left(\dfrac{H}{4}-\dfrac{W}{4}\right)\dfrac{1}{2}\leqslant$ 省量 $\leqslant\left(\dfrac{H}{4}-\dfrac{W}{4}\right)\dfrac{2}{3}$，即 $3.75\leqslant$ 省量 $\leqslant 5$。基础省的省位不变，省长直达过腰分割线。

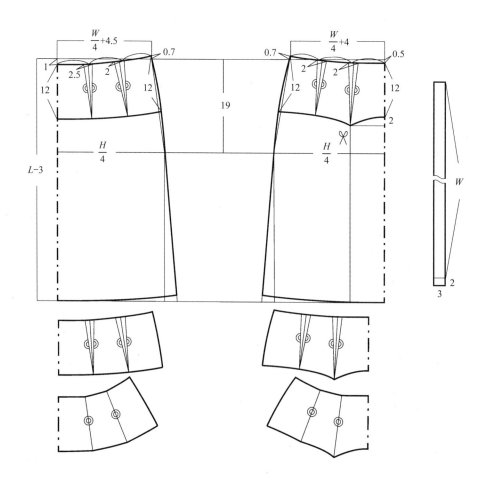

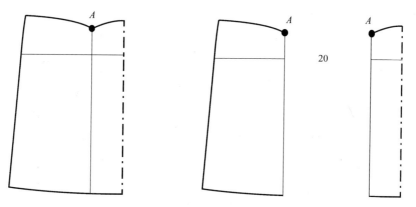

放褶及褶的边缘线修正：前裙片沿对褶剪开线平移放出褶量。设计褶大为5cm，总褶量=褶大5×4=20cm。

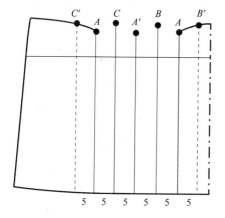

在所放褶量中按照褶大5cm确定褶的折线，其长度按照对称点的位置确定：A与A′、B与B′、C与C′。

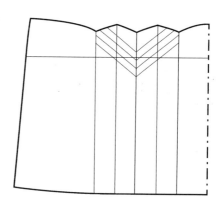

在各对称点之间用对称线连接，得到褶的边缘线。标注褶的倒向符号。

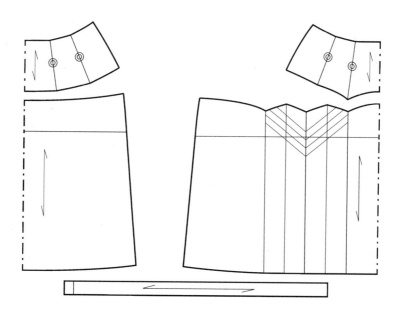

图1-18

例18. 大摆裹裙（图1-19）

前短后长的大摆结构，前片的左、右重叠，形成裹裙。按照A字裙绘制出基础结构图，在省位处设计剪开线，平移放出褶量6cm，后中线放出褶量的一半3cm，展开后即与其他位置褶量相同。放褶后下摆以中点原则修正边缘线。

图1-19

3. 其他形式放褶

例19. 不对称悬垂褶裙（图1-20）

款式特点：较宽松型，低腰、长款A字裙。后片过腰、前片为双层结构，外层设计横向褶，并有悬垂褶，使用垂性较好的面料制作可体现出自然、悬垂、随意的效果。

参考尺寸：

（单位：cm）

	L	W	H
净尺寸	70	68	90
放松量			+10
产品尺寸	3+67	68	100

结构分析：

①确定放摆裙的基础结构，并确定低腰的腰口位置。省仍在三等分处，长度由过腰分割线确定。

②前片里层为左右对称的基础放摆结构，外层装饰裙片上部分缝合固定，下面为悬垂褶。装饰片右侧省与分割线结合，其他省均转移为褶，基础省应左右对称，省转移的剪开线设计要均匀，且应充分考虑到褶的方向和褶量的大小。剪开放褶的量应以省转移所得到的量a相同。

③悬垂褶由设计量和补充量所确定。

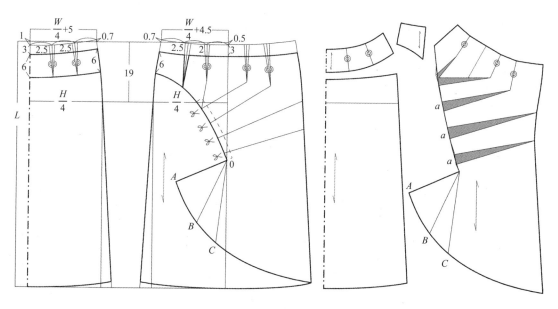

图1-20

例20. 抽褶短裙（图1-21）

款式特点：较宽松型，下摆两侧围绕分割线抽自然褶，形成特殊效果。过腰与下摆圆弧裁片可以使用针织罗纹，裙片面料采用薄型牛仔面料或水洗布。

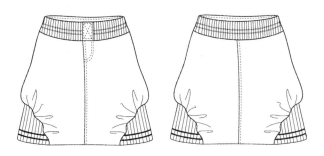

参考尺寸：

（单位：cm）

	L	W	H
净尺寸	50	68	90
放松量			+10
产品尺寸	50	68	100

结构分析：

①过腰进行省的合并、转移，若使用针织罗纹面料，按照罗纹的松紧程度确定长度。

②裙片放褶剪开线围绕装饰片均匀分布，4条剪开线需要将抽褶部位4×2=8等分。褶量的大小与褶的剪开线长度成正比（剪开线越长，褶量越大）。整体褶量设计不应过大，以免抽褶后裙体膨胀过多，使大腿显粗壮。

③旋转放褶后需要按照中点原则将褶的边缘线修正为光滑曲线。

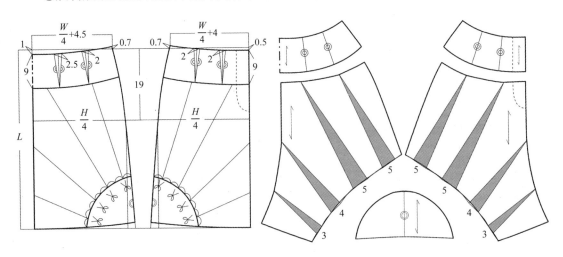

图1-21

例21. 低腰褶裙（图1-22）

款式特点：较合体型，低腰结构。前片过腰以下部分为双层结构，外层裙片固定在裙子两侧斜向分割线与过腰中。装饰片上均匀分布三个顺褶。

参考尺寸：

（单位：cm）

	L	W	H
净尺寸	50	68	90
放松量			+6
产品尺寸	4+46	68	96

结构分析：

①绘制筒裙基础结构图，基础省从腰口曲线直达过腰分割线，减去低腰量。

②按照褶的位置和方向设置剪开线，褶之间的距离为3cm，设计褶大3cm，褶量=3×2=6cm，褶量的大小一般不要超过褶的距离，否则，折叠之后的褶会叠压在一起，使厚度增加，影响外观。沿剪开线旋转放出褶量。最下面一条剪开线应距边缘线3cm以上（此处取值4.5cm），以保证在褶折叠后，不会露在底边外。按照对称法修正褶的边缘线。

③褶基本上为横向设计，由于受到重力影响，在穿着时会有一定变形，因此装饰片下摆设计为曲线，变形后减小对外观的影响。

④在制作过程中，首先熨烫褶，褶尖附近只用熨斗汽烫即可，不要熨烫压成死褶，会缺少灵动感。第二步，将装饰片与内层裙片绷缝，最后与小三角裁片缝合固定。

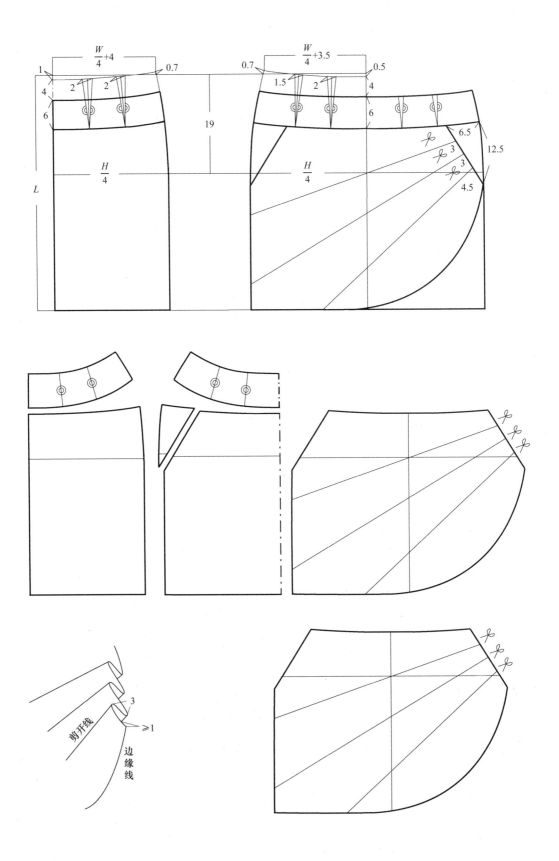

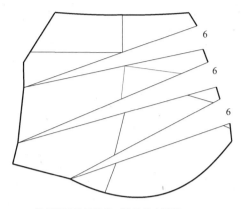

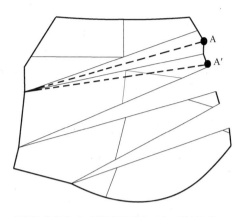

按照设计的褶的剪开旋转放出褶量。

褶的边缘线修正：设计褶量倒向下方，褶所在的三角形的中线上点A与A'是一对儿对称点，连接相应线段即得到褶的边缘线。同理修正其他两个褶的边缘线。

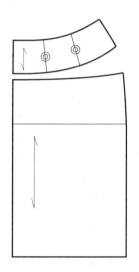

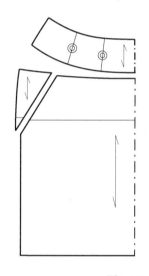

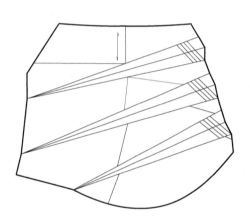

图1-22

例22. 低腰活褶裙（图1-23）

款式特点：较合体型，后中线装拉链。前片设计一条斜向活褶，斜边为斜插兜，褶的另一侧有一条活褶，褶褶相叠，在设计上更加丰富，形成特殊效果。

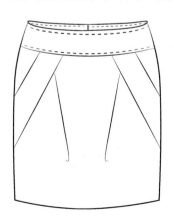

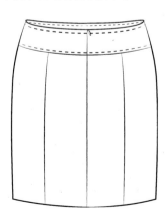

参考尺寸：

	L	W	H
净尺寸	50	68	90
放松量			+6
成品尺寸	4+46	68	96

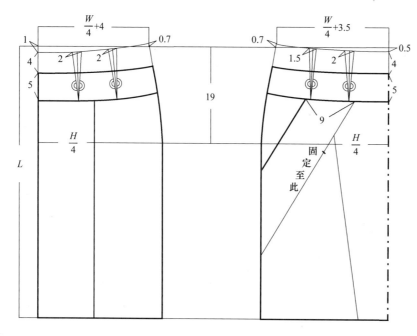

按照筒裙确定基础结构图，低腰量及过腰宽所确定的过腰分割线即为基础省省尖的位置。褶位按照款式图确定。

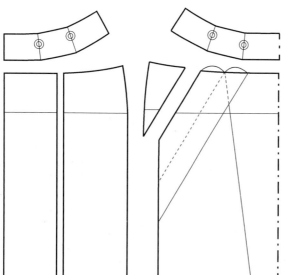

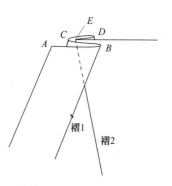

从剖面图可以清楚看出两个褶的折叠关系，褶2包含在褶1之内，确定所有转折点，为放褶做准备。

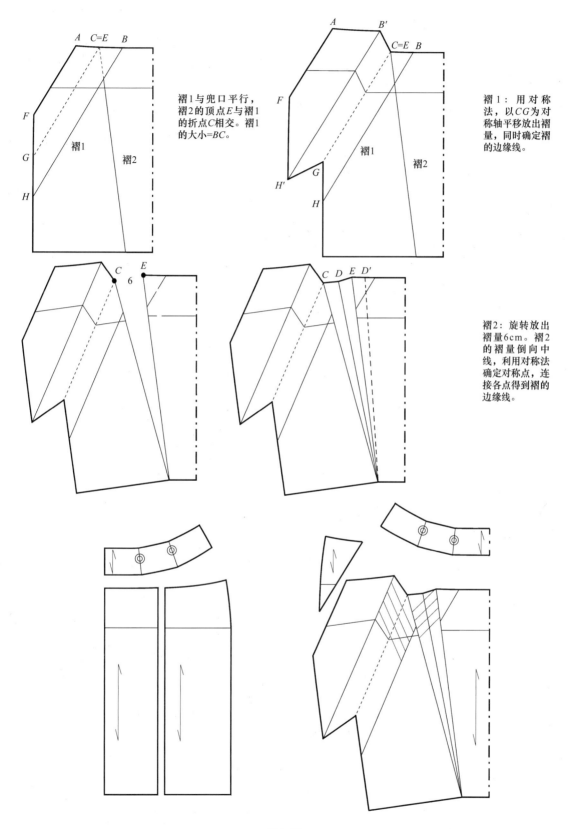

褶1与兜口平行，褶2的顶点E与褶1的折点C相交。褶1的大小=BC。

褶1：用对称法，以CG为对称轴平移放出褶量，同时确定褶的边缘线。

褶2：旋转放出褶量6cm。褶2的褶量倒向中线，利用对称法确定对称点，连接各点得到褶的边缘线。

图1-23

例23．低腰包臀双褶裙（图1-24）

款式特点：合体型，后中线装拉链。前片设计相叠的两条斜褶。

参考尺寸：

（单位：cm）

	L	W	H
净尺寸	48	68	90
放松量			+4
成品尺寸	5+43	68	94

结构分析：

①由于腹部面料折叠层数较多，应使用薄型面料。

②首先绘制基础筒式半身裙的结构，低腰量5cm。再按照褶的设计方向确定剪开线，前片基础省直达剪开线，通过省转移，将基础省转移到剪开线处，成为褶量的一部分。

③左裙片的褶在右片褶之下，在褶的重叠处需要进行比较复杂的边缘修正。图1-25中虚线即为褶的内部折叠情况，将其展开后褶的边缘线呈一个复杂的结构。这样复杂结构的款式，在进行结构设计时可以用面料小样或者纸样进行实验，辅助理解结构的变化。

④在工艺制作上，褶4上部分应车缝至与褶2交点以下，使褶1、褶2能有较好的固定；褶3也要进行部分固定，防止人体在活动时褶发生变形，而影响穿着效果。

⑤放褶过程必须按照折叠顺序进行，从褶1开始，最后放出褶4；按照顺序放褶可以使褶的边缘线修正思路清晰。

⑥后片剪去低腰量后所剩两个省很短，可以将其合并为一个省。新的省量是原两省的剩余省量之和，省长应按照省量的大小进行设计。

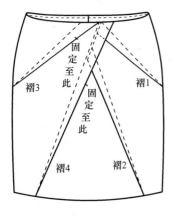

图1-25

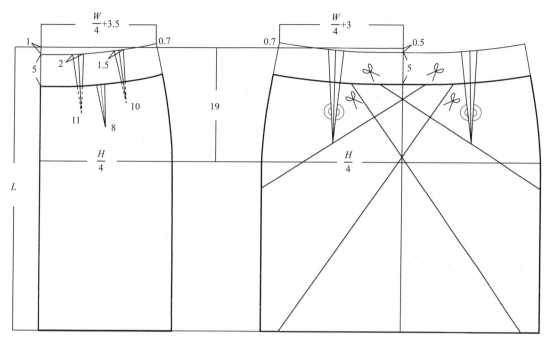

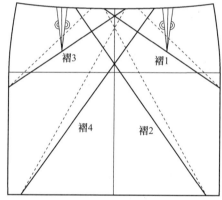

褶量设计应尽量避免褶与褶
过多的重叠。虚线为每个褶
的折叠情况，可以清楚地看
出褶的内部结构，利用对称
法放出褶量。

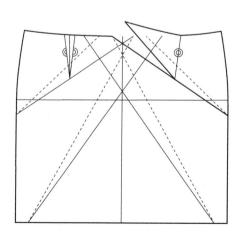

褶1：合并左裙片的省，将省转移为褶，该褶量
只为所需褶量的一部分。

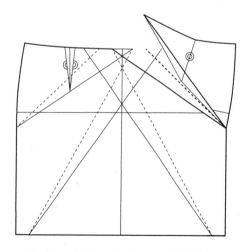

以褶中线（虚线）为对称轴，对称追加褶量，
并以直线修正褶线。

图1-24

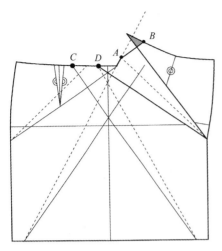

将褶1的中线延长，与褶4中线的延长线相交于A，过交点A作褶4中线的对称线AB，并将AB以外的部分（阴影）修去。C与D是褶2的边缘点。

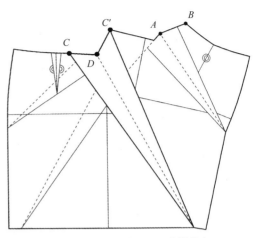

褶2：依对称法放出褶2的褶量。D是褶的中点，C与C′是对称点。连接褶2边缘线的各点，确定褶的边缘线。

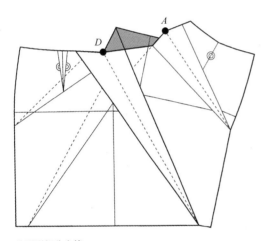

将阴影部分去掉。

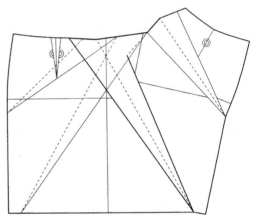

将褶3、褶4所缺少的有关褶的线段延长，为下一步放褶做准备。

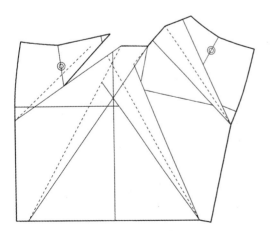

褶3：合并褶3所在的基础省，将省转移为褶。

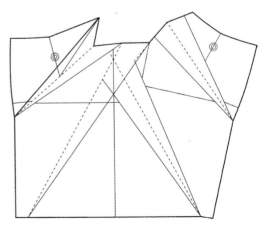

依对称法追加褶3的褶量，并连接褶的边缘线各点，褶3完成。

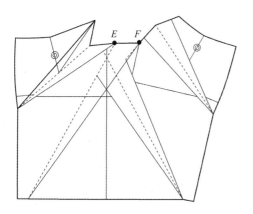

褶4：标注褶4边缘线上的中点E和F，为放褶做准备。

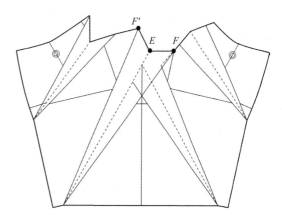

按照对称法放出褶4的量，边缘点F′与F是对称点，连接边缘线的各点。

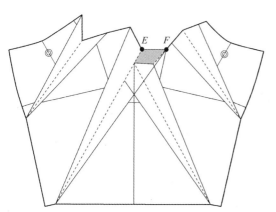

将阴影部分去掉。

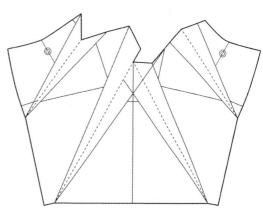

完成放褶以及修正边缘线的全部程序。

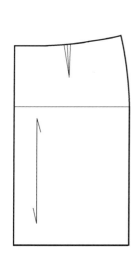

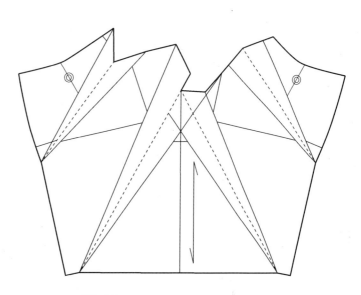

图1-24

第二节 裤子结构设计实例分析

不论裤子的款式复杂与否，首先绘制基础型，在此基础上对分割线、省和褶进行设计，并施行变换，最后需要对省或褶的边缘线进行修正。掌握了一般结构设计的规律，即可以很好地对较为复杂的裤子进行结构设计。

一、裤子基础结构图要点

裤子基础结构图是多数裤子制图的基础，它对于裤子与人体下肢之间的关系给出明确的比例。理解、掌握基础结构图的结构原理对于分析较为复杂的裤子款式有很大帮助。

在廓形上，裤子的变化可分为腰口的变化（低腰、高腰）和裤筒的变化。不论腰口的高低或裤子的长短，多数都需要在基础结构上进行变化，由此可见基础结构图的重要性。

裤子结构要点（图1-26）：

（1）前后围度调节量：由于裤子有裆的牵扯，后片的围度较前片大，因此裤子从腰围、臀围到中裆、裤口等在围度上增加调节量（0～±1），调节量随裤子肥瘦进行变化，通常取值±1，宽松、肥大的裤子调节量取值可以减小，甚至为0。

（2）立裆深 $=\dfrac{H}{4}+a$（调节量）

$$调节量a = \begin{cases} 臀围放松量<4时，调节量a=\dfrac{4（临界值）-放松量}{4} \\[3mm] 臀围放松量在4～12时，调节量a=0，即基础立裆=\dfrac{H}{4} \\[3mm] 当臀围放松量>12时，调节量a=\dfrac{12-放松量}{4} \end{cases}$$

（3）省量的确定：前片省量 $=\left(\dfrac{H}{4}-\dfrac{W}{4}\right)/2\pm0.5$，在这个范围内由穿着人的体型确定具体省量。由于后裆斜线中包含部分省量，所以，后片省=前省-0.5cm。

（4）前片腰省量确定还应同时考虑到前中心线及腰侧点的位置：前中心线收量 ≤2.5cm，腰侧点收量≤2cm。腰侧点的起翘量由前片腰臀斜线的倾斜程度确定。

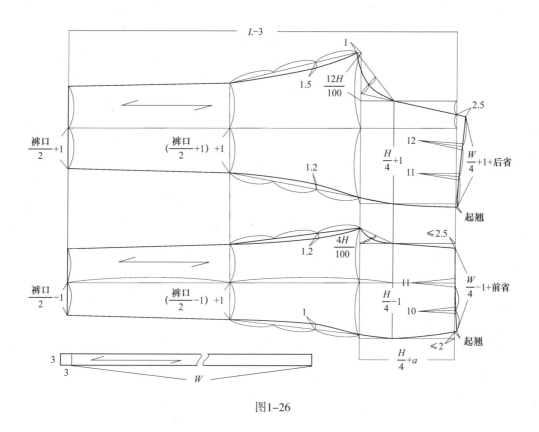

图1-26

二、裤子省与分割线的结构实例分析

腰臀之间的结构通常与基础腰省有关，省的位置变化、分割线的设置等首先需要探讨与基础省之间的关系。

例24. 过腰牛仔裤（图1-27）

款式特点：合体型，低腰、过腰牛仔裤。前片第二层过腰与兜的垫底相连，成为异形过腰；后兜为双层结构，外层兜的曲线设计与前兜呼应，形成特殊的效果，后兜的侧缝直达裤子后片侧缝，在制作时一同车缝、固定。

参考尺寸：

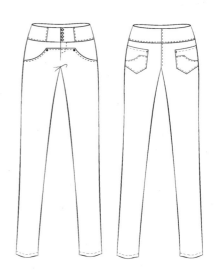

（单位：cm）

	L	W	H	裤口
净尺寸	100	68	92	16
放松量			+2	
成品尺寸	3+97	68	94	16

结构分析：

①臀围放松量小于临界量4cm，需要在基础立裆深公式上补充调节量

$$a=\frac{4（临界量）-2（放松量）}{4}=0.5cm。$$

②第一层过腰有腰头的外观，前片的第二层过腰与兜口相通，形成一个整体。在设计时，需要同时考虑兜口大小适中以及中省合并的位置，才可使设计符合要求。

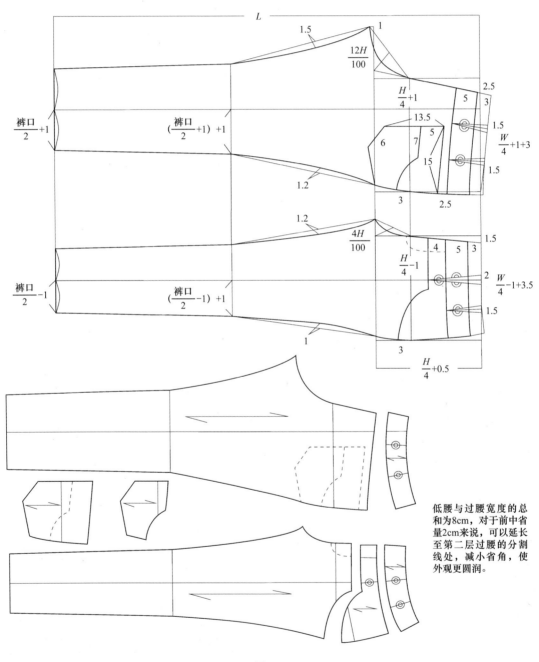

低腰与过腰宽度的总和为8cm，对于前中省量2cm来说，可以延长至第二层过腰的分割线处，减小省角，使外观更圆润。

图1-27

例25. 高腰七分裤（图1-28）

款式特点：较合体型，由骑士裤的元素设计而来，连腰式高腰结构，过腰设计，月牙兜与装饰形纵向分割线结合。

参考尺寸：

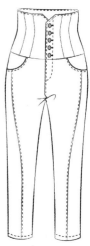

（单位：cm）

	L	W	H	裤口
净尺寸	8+97	72	92	18
放松量			+6	
成品尺寸	8+77+20	72	98	18

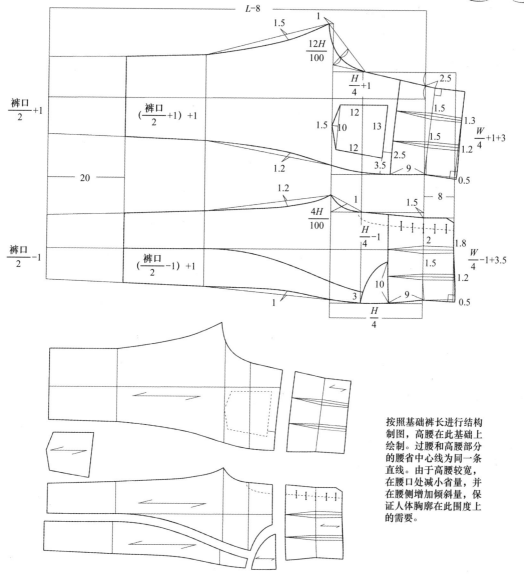

按照基础裤长进行结构制图，高腰在此基础上绘制。过腰和高腰部分的腰省中心线为同一条直线。由于高腰较宽，在腰口处减小省量，并在腰侧增加倾斜量，保证人体胸廓在此围度上的需要。

图1-28

例26．系带休闲裤（图1-29）

款式特点：较宽松型，抽带设计。过腰可以使用薄型面料，对折、抽带。前片月牙兜下设计一个异位省，成为设计的重点。膝盖附近抽自然褶。后片设计异形过腰，后贴袋，后片中裆线以下设计横向及纵向分割线。

参考尺寸：

（单位：cm）

	L	H	裤口
净尺寸	97	92	18
放松量		+12	
成品尺寸	97	104	18

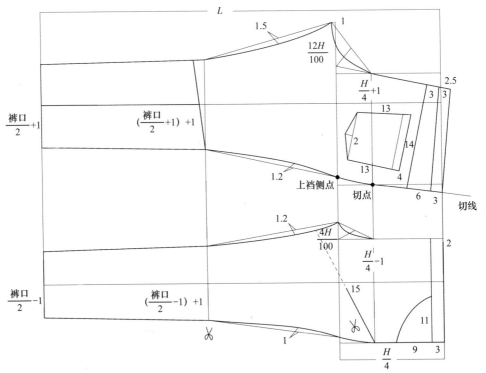

结构分析：

①腰口松紧、抽带设计通常不需要计算腰围的值，前片腰口只在前中线向里收进2cm，可使抽松紧后腹部较为平整，同时又不会影响裤子的穿脱。由于后片有后裆斜线，使后片腰口值减小，因此为保证穿着方便，侧缝以上裆侧点至臀侧点曲线在臀侧点的切线作为该处的侧缝，切线与上平线的交点为腰侧点，所得到的腰口可满足裤子腰口需要。

②异位省的位置、长度、倾斜度等由设计决定，延长异位省至裁片对面的边缘线，形成一条完整的剪开线。

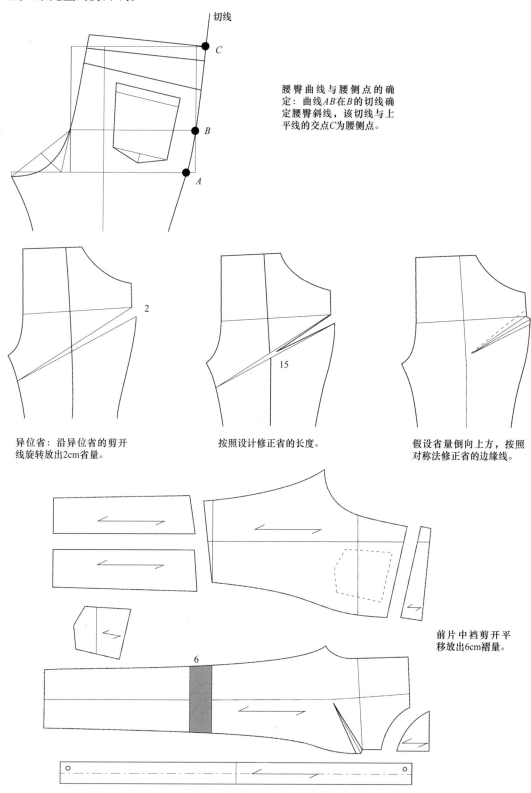

腰臀曲线与腰侧点的确定：曲线AB在B的切线确定腰臀斜线，该切线与上平线的交点C为腰侧点。

异位省：沿异位省的剪开线旋转放出2cm省量。

按照设计修正省的长度。

假设省量倒向上方，按照对称法修正省的边缘线。

前片中档剪开平移放出6cm褶量。

图1-29

例27．中裆抽褶裤（图1-30）

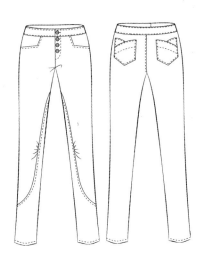

款式特点：合体型。中裆褶出自分割线，范围在膝盖附近的对称区域内。分割线必须在人体膝盖髌骨外，才可使褶达到应有的作用。

参考尺寸：

（单位：cm）

	L	W	H	裤口
净尺寸	100	70	92	16
放松量			+4	
成品尺寸	3+94	70	96	16

结构分析：

①腰省的长度要根据省量的大小确定，前片中省可以直达兜口分割线，所以设置省量较大；侧省的省量较小，长度只需到过腰分割线处即可。后片口袋为双层结构，袋口为弧线形。

②前片裤筒的异形分割线应设计在内缝与烫迹线的中点以外，以保证褶的功能性。

③膝盖抽褶部位按照褶的范围设计3条剪开线，因此需将褶的范围6等分，每条剪开线旋转放出2cm褶量。

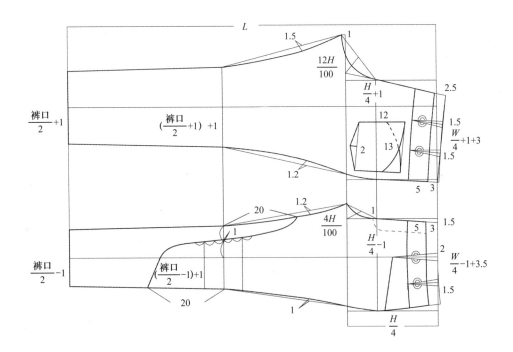

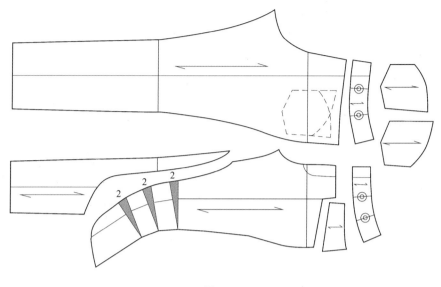

图1-30

例28. 异位省九分裤（图1-31）

款式特点：宽松型，前片月牙兜下设计纵向分割线，中裆有单向自然褶。后片异形过腰下的异位省设计及下面的纵向分割线是款式设计的重点。

参考尺寸：

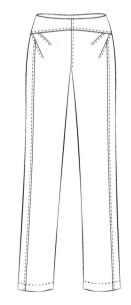

（单位：cm）

	L	W	H	裤口
净尺寸	100	70	92	24
放松量			+12	
成品尺寸	93+7	70	104	24

结构分析：

①宽松型裤筒可以按照锥裤的结构绘制，不需利用公式确定中裆尺寸，只是在中裆处收回一定量即可。裤筒较宽松，后片落裆减小至0.5cm。

②前片省量范围确定：$(\frac{H}{4}-\frac{W}{4})/2\pm0.5=4.25\pm0.5$，在这个范围内，确定前片腰省量为4.5cm。省的分配需要按照省的长度与省量的关系确定。

③后片异位省中，短省设计需要考虑到基础省的转移，因此，长度、倾斜状态都要以基础省所能达到的位置为准。长省以审美为主要设计点，其长度和倾斜状态的设计含量较高，下面的纵向分割线以曲线形式与两条异位省很好地结合为一个整体。

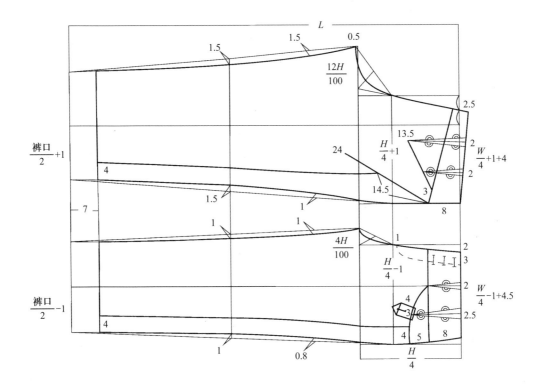

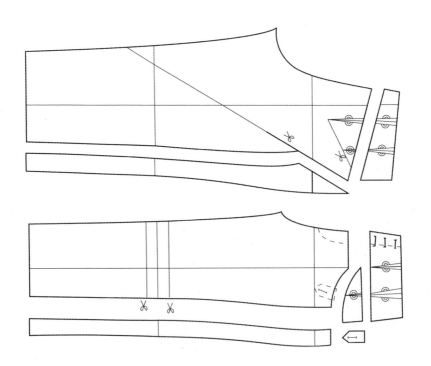

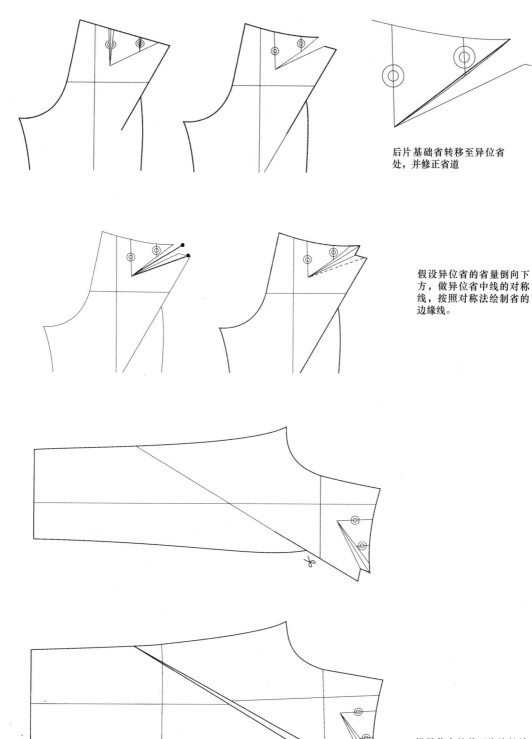

后片基础省转移至异位省处，并修正省道

假设异位省的省量倒向下方，做异位省中线的对称线，按照对称法绘制省的边缘线。

沿异位省的剪开线旋转放出2cm省量。

图1-31

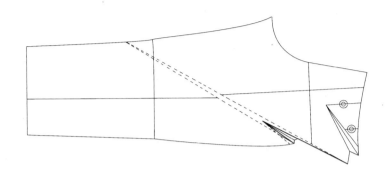

设计省量倒向下方，依对
称法绘制省的边缘线。

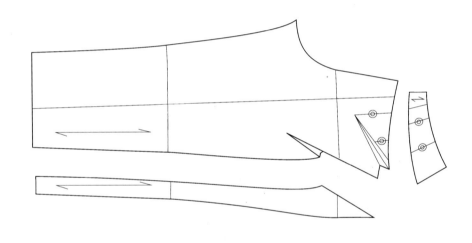

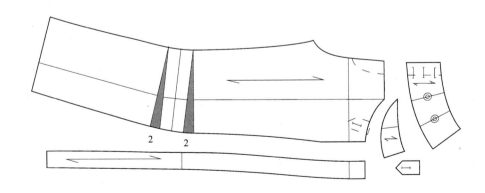

2   2

图1-31

三、裤子褶的结构实例分析

例29．七分锥裤（图1-32）

款式特点：较合体型，后拉链。前片为双层过腰，第一层过腰分为两部分，它们之间的分割线与中省结合，中片装饰有手风琴褶（顺褶）。

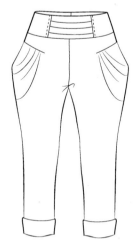

第二层为半过腰，以下装饰纵向顺褶，顺褶等距离设计，直通侧缝。裤脚贴边在侧缝处前后相连，可使用异色面料。利用锥裤的结构原理制图，不需要计算中裆值。

参考尺寸：

（单位：cm）

	L	W	H	裤口
净尺寸	70	68	90	16
放松量			+6	
成品尺寸	70	68	96	16

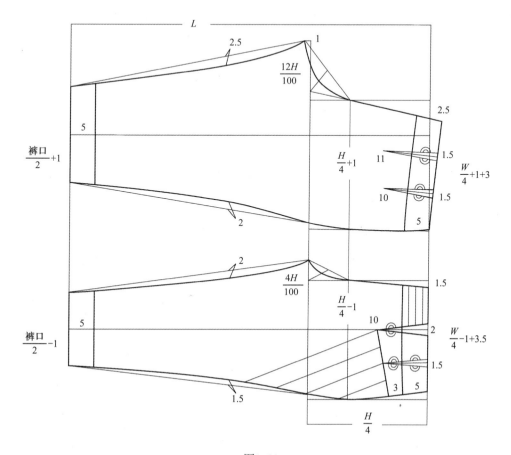

图1-32

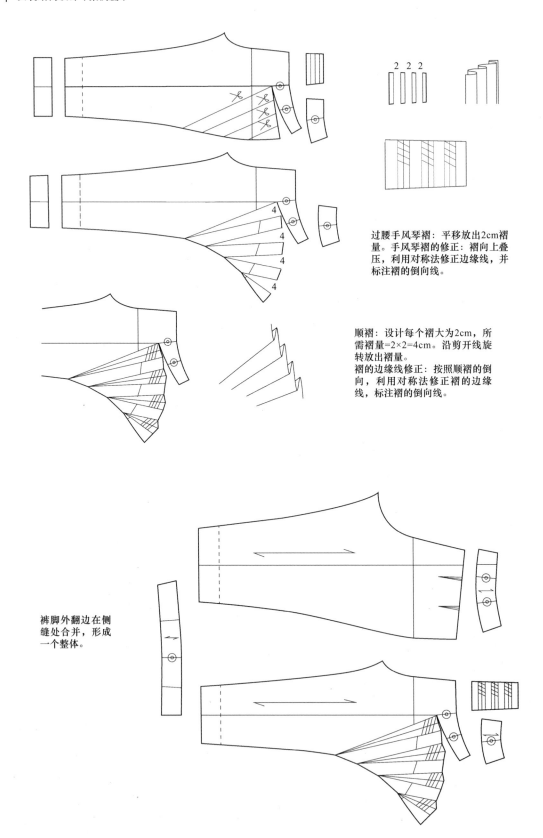

过腰手风琴褶：平移放出2cm褶量。手风琴褶的修正：褶向上叠压，利用对称法修正边缘线，并标注褶的倒向线。

顺褶：设计每个褶大为2cm，所需褶量=2×2=4cm。沿剪开线旋转放出褶量。

褶的边缘线修正：按照顺褶的倒向，利用对称法修正褶的边缘线，标注褶的倒向线。

裤脚外翻边在侧缝处合并，形成一个整体。

图1-32

例30. 对褶裤（图1-33）

款式特点：较宽松型，低腰，过腰式腰头，斜插兜，前片设计两条相对的大褶。后片有双开线兜，并装兜盖。

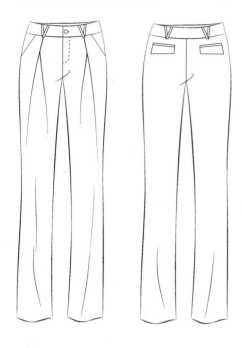

参考尺寸：

（单位：cm）

	L	W	H	裤口
净尺寸	100	70	90	20
放松量			+10	
成品尺寸	3+97	70	100	20

结构分析：

①前片过腰以下关于烫迹线设计交叉、重叠式对褶。对褶的起点与倾斜状态按照款式图确定。

②后片双开线兜具有男裤后兜的特征，在女裤中设计后兜可以更加夸张，体现一种中性、坚定的性格。

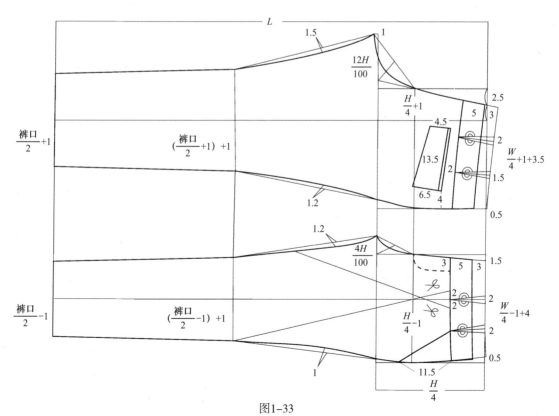

图1-33

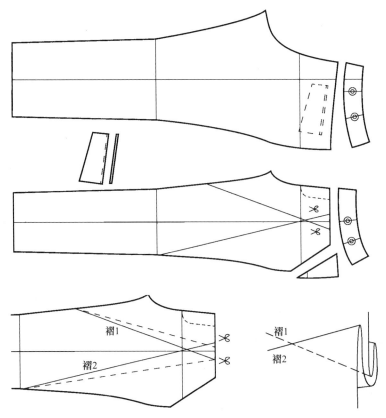

设计褶的折叠效果及褶量的大小，由于褶1叠压在褶2内，褶2的量应大于褶1。
虚线表示两个褶的内部结构。

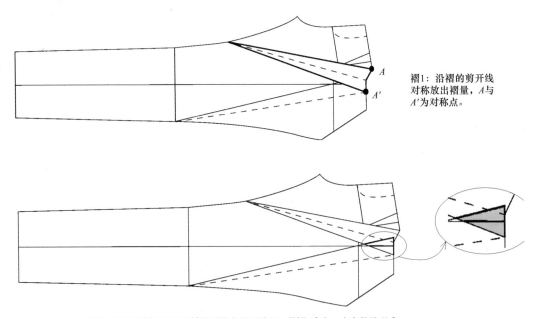

褶1：沿褶的剪开线
对称放出褶量，A与
A′为对称点。

褶2：将由于褶1展开导致褶2所缺少的量补足，使褶2成为一个完整的形式。

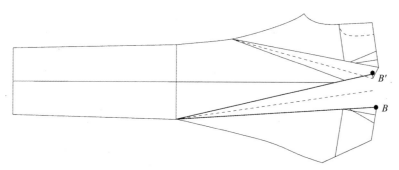

褶2：关于褶2的剪开线对称放出褶量，B与B'是关于褶中线（虚线）的对称点。

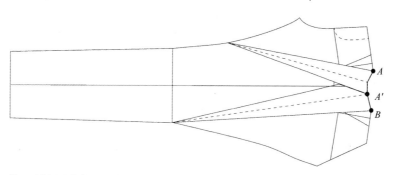

整理两个褶的边缘线：将褶1的边缘线补齐，去掉与此重叠的褶2部分内容，即构成完整的褶的边缘线。制作时首先折叠褶1，A点与A'点重合，再将褶2沿褶的中心线对折。

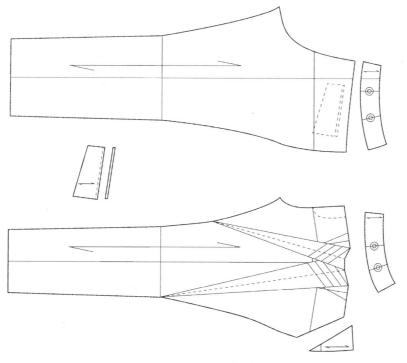

图1-33

四、裤子侧缝转移的实例分析

裤子的侧缝通常是裤子曲线弯曲最大的部位，为使侧缝合并、转移不会过多影响裤子的外观和穿着的舒适性，所转移的部分尽可能小，使转移后的分割线仍近似于人体曲线，达到较好的外观。

例31. 异型过腰裤（图1-34）

款式特点：合体型，低腰结构。第二层过腰与纵向分割线结合，并在过腰分割线中设计夹缝兜。前后片的纵向分割线将裤片分割出3cm的异形侧片，将两条侧片合并，形成侧缝转移。

参考尺寸：

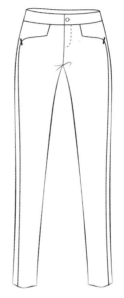
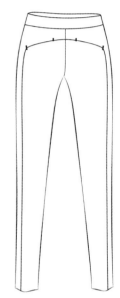

（单位：cm）

	L	W	H	裤口
净尺寸	100	70	92	16
放松量			+4	
成品尺寸	3+97	70	96	16

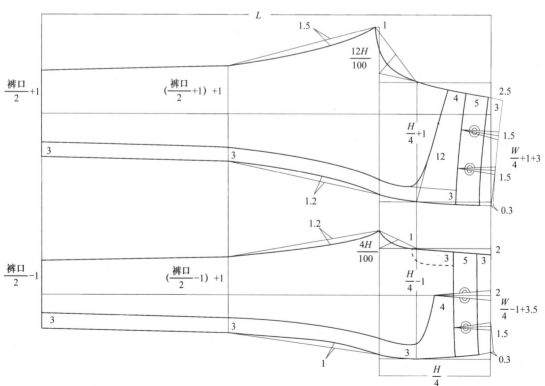

结构分析:

①腰省的确定: $\dfrac{H}{4} - \dfrac{W}{4} = 6.5$,前片腰省取值在3.25 ± 0.5之间,确定腰省为3.5cm。剩余的3cm省量分配至前中线和侧缝。

②在基础裤片上减去3cm低腰量,在此基础上设计5cm过腰及第二层异型过腰。

③前片中省量较大,省长至异形过腰的分割线处。

④前后片第二层过腰与侧片合为一体,夹缝兜设计在过腰分割线中。前后片均在侧缝附近分割出3cm,将前后两侧片合并。

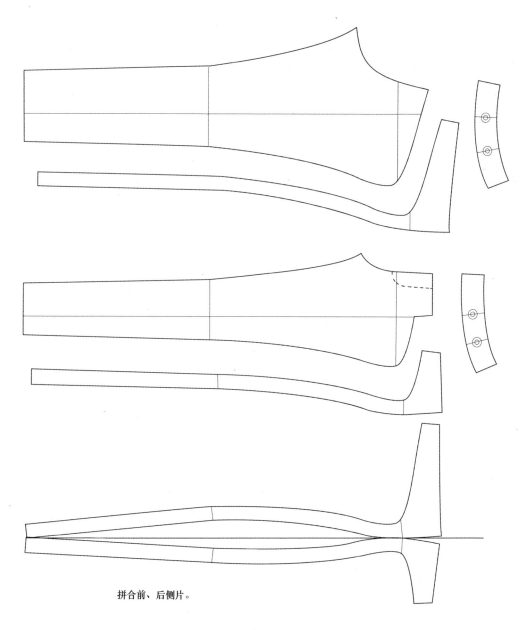

拼合前、后侧片。

图1-34

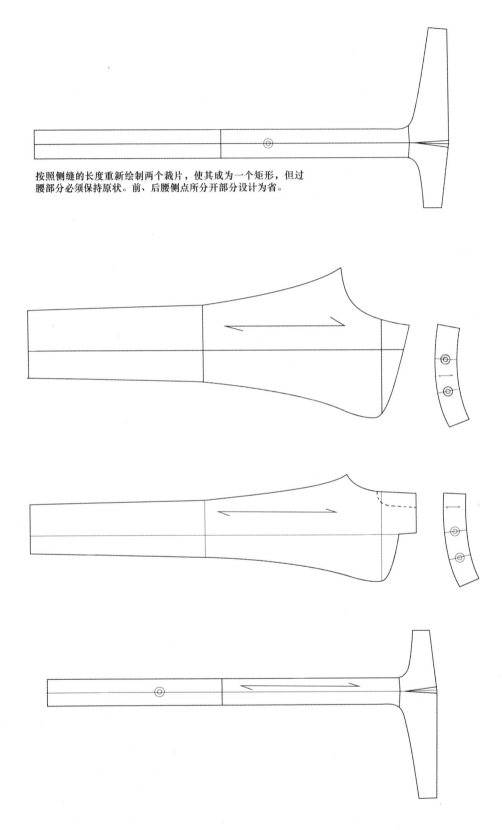

按照侧缝的长度重新绘制两个裁片，使其成为一个矩形，但过腰部分必须保持原状。前、后腰侧点所分开部分设计为省。

图1-34

例32.中缝转移九分裤（图1-35）

款式特点：合体型，低腰九分裤。后片内缝3cm宽的部分转移至前片，首先确定分割线的位置、宽度、曲线的形状等，将这部分裁片与前片相连，形成内缝转移。

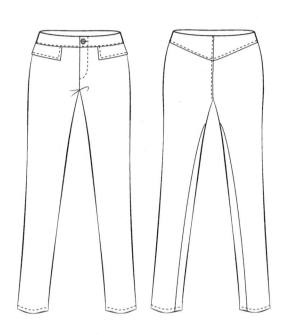

参考尺寸：

（单位：cm）

	L	W	H	裤口
净尺寸	100	70	90	16
放松量			+2	
成品尺寸	5+87+8	70	92	16

结构分析：

①臀围放松量2cm，小于臀围放松的临界量4cm，因此立裆深需增加调节量

$$a=\frac{4（临界量）-2（H放松量）}{4}=0.5，立裆深=\frac{H}{4}+0.5。$$

②前片夹缝兜设计在过腰分割线处，袋盖夹入分割线。

③按照设计，后片内缝的部分裁片转移至前片，在基础后片上确定分割线的位置及曲线形式。

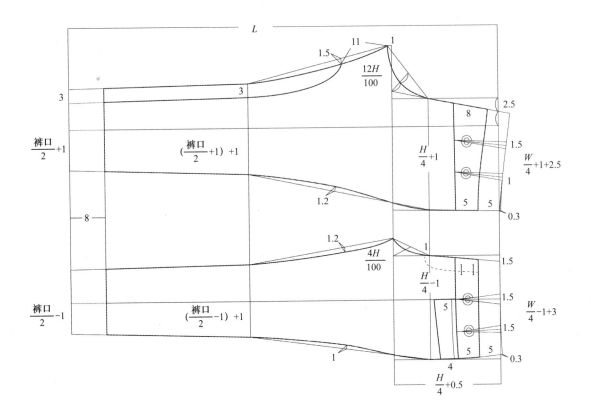

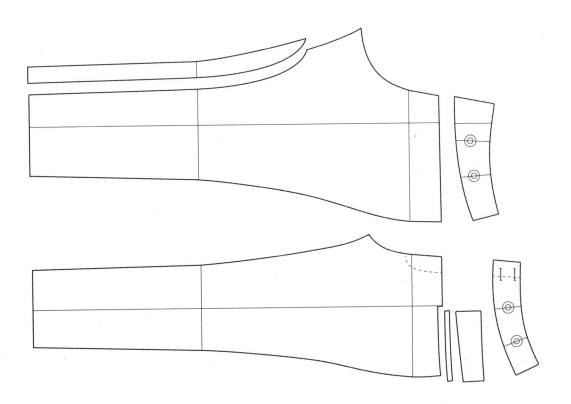

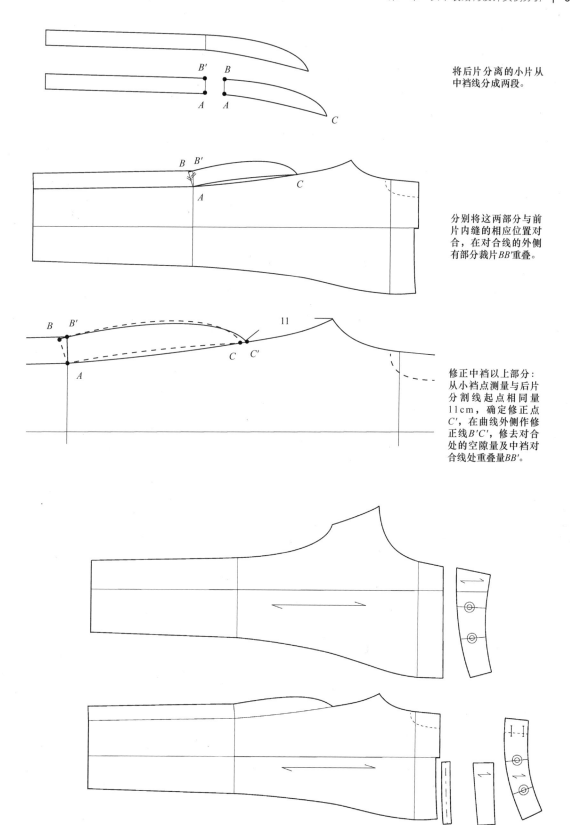

将后片分离的小片从中档线分成两段。

分别将这两部分与前片内缝的相应位置对合，在对合线的外侧有部分裁片BB'重叠。

修正中档以上部分：从小档点测量与后片分割线起点相同量11cm，确定修正点C'，在曲线外侧作修正线B'C'，修去对合处的空隙量及中档对合线处重叠量BB'。

图1-35

课后思考题

1．根据每节内容，设计下装款式，并进行结构分析、绘制结构图。

2．对实例中较为复杂的款式，可以利用纸张或面料进行实践，以辅助对结构设计理论的理解。

实操与应用——

女上装结构设计实例分析

课程名称：女上装结构设计实例分析

课程内容：综合衣身、领子、袖子，对不同款式的女装上衣进行
结构分析；利用具体实例对女装省与褶的结构变化进
行详细的探讨。

课程时间：54课时

教学目的：将衣身、领子、袖子所学习的理论内容很好结合，综
合分析不同款式女上衣的结构变化，提高对女装结构
设计的理解。

教学方式：理论篇的补充教材，实训练习。

教学要求：1. 通过上装款式的实例分析，加深对女上装结构理
论的深入认识。

2. 掌握女上装不同类型分割线、省转移以及褶的结
构变化规律，更好地理解款式设计与结构设计之
间的紧密关系。

第二章 女上装结构设计实例分析

　　领、袖、衣身的变化构成女装上衣的设计重点，一件上衣要围绕一个重点进行设计，而所有结构变化都成为协调、统一的整体。近年，女装"玩结构"的品牌很多，有些虽然以色彩、装饰、面料为设计重点，但在结构上也呈变化多样的趋势，这种结构变化多围绕省、褶、分割线等进行。女装的结构变化多受到女性人体胸、腰曲线起伏变化的限制，这些变化的基础即为"省"，所以女上装结构的变化多数需要通过"省"的不同形式、转移、变化实现。

第一节　衣身省与分割线的结构设计实例分析

一、女装衣身与袖的基础结构要点（图2-1）

　　（1）女装由于有胸部的支撑，在围度上衣身前后有调节量±1。在结构上，胸腰差得到的省量存在于人体胸腰倾斜度大的部位，即胸下、体侧与后腰，因此在腰围公式中需要增加胸腰差所形成的省量。

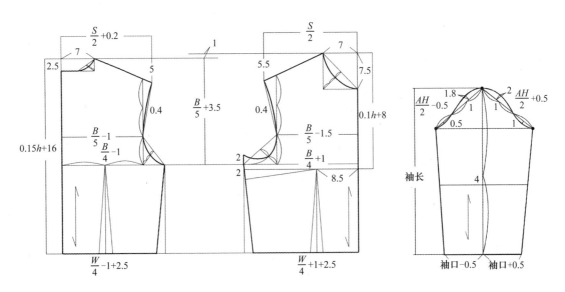

图2-1

（2）袖窿深度受胸围放松量的影响，调节量的确定需要根据款式、胸围放松量等因素决定。腋下省是处理由于面料通过胸点转向肩部而多余的量（浮余量）。

（3）袖子的绘制应以袖窿长度（前袖窿长+后袖窿长=AH）为基础，且前后设计0.5cm调节量。

二、衣身不同分割线的变化实例分析

例1. 裸肩袖上衣（图2-2）

款式特点：合体型，露肩款式，在领口位置需测量人体的净尺寸。如果使用具有弹性的针织面料，放松量可以为负数；使用无弹性的梭织面料，在领口边缘，尤其是袖的边缘增加松紧带，防止滑落。

结构分析：

①此类款式的领口最低至胸宽、背宽部位。

②袖窿深：胸围放松量很小，袖窿深的调节量应该适当大一些，以保证腋下的舒适性。

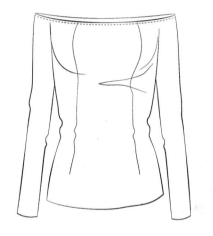

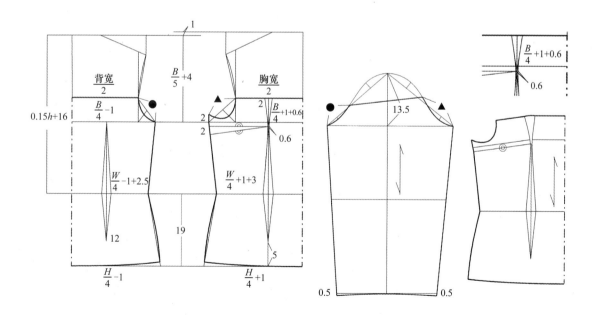

图2-2

③低胸结构在领口边缘线处应收省，使领口边缘能很好地包合胸部。

④前片为半公主线设计，在胸围增加车缝的最小量0.6cm。前片腰省大于后片腰省，其中多出的0.5cm是为协调胸围处的缝份而设计；由于省量较大，省的长度应该适当加长，以减小省角的量，使车缝省后腹部较为平服。

⑤袖山曲线：设计袖子低至胸宽与背宽，测量衣身剩余袖窿的长度▲与●，以此为基础，在袖山上取同样的值。由于女性人体胸部突出，而前片袖窿较后片多出的量集中于胸宽至侧缝之间，因此▲＞●。在袖山曲线上取同样的值后，边缘线为倾斜状态。但在服装上▲多出的量集中于腋下，成衣的边缘线会呈水平状。

例2. 翘肩无袖装（图2-3）

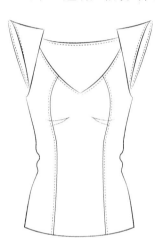

合体型款式，胸围放松量较小，袖窿深的调节量适当加大，以保证穿着的舒适性。翘肩外侧呈悬空状态；翘肩的起点为领宽点A，该起点即成为肩部的受力点，起到吊带的作用。为使翘肩保持挺硬，必须增加硬衬。翘肩的起翘量为落肩的一半。

翘肩部分的起翘使袖窿分割线松弛，所以在袖窿曲线处需要收紧才能保证对胸部的包合，因此在衣片的袖窿曲线处增加1.5cm省量。在肩片的袖窿处应增加同样的省量，但为使肩片外形圆顺，这个省量要合理分配在两个位置。

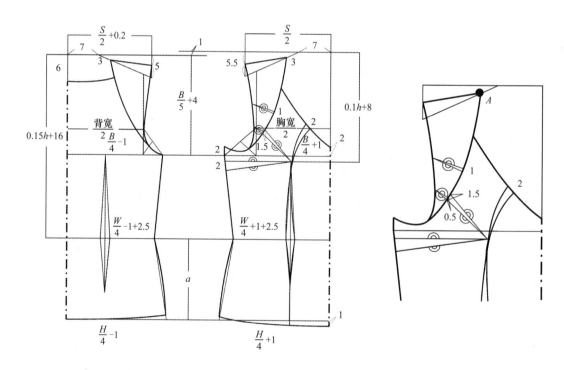

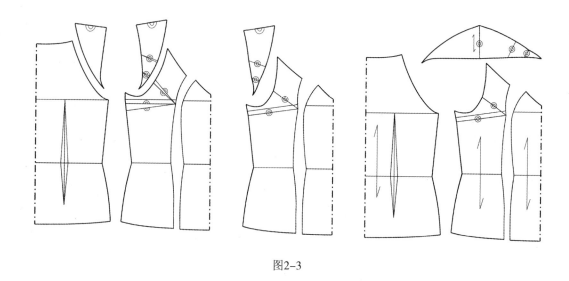

图2-3

例3. 落肩外套（图2-4）

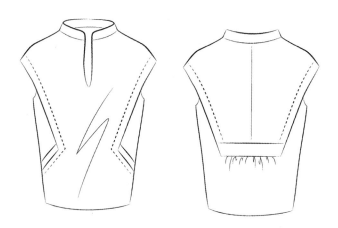

款式特点：宽松式落肩外套，Y型廓形设计。衣片之间有1.5cm重叠量，缉明线固定。前片分割线处设计单开线夹缝兜，后片腰节以下放少量褶。

参考尺寸：

（单位：cm）

	L	B	H	S	袖长
净尺寸	60	86	92	39	8
放松量		+22	+8		
产品尺寸	60	108	100	39	8

结构分析：

①Y型结构的胸围与臀围放松量需要协调确定，它们之间的差为8cm可以达到较好的

状态。

②胸围、臀围调节量：宽松款式围度调节量可以适当减小，甚至没有，此处设计调节量为±0.5cm。

③胸宽与背宽：当胸围放松量很大时，由公式$\frac{B}{5}-1.5$与$\frac{B}{5}-1$计算出的胸宽与背宽值有可能超出肩宽值，此时不需要使用基础公式，而胸宽值确定在前片肩点以内0.5cm处，背宽可以与后肩点位置相同。

④腋下片与中片在公主线处拼合，重叠量1.5cm，以1.5cm明线固定。前片分割线设计夹缝兜，开线宽2cm。虚线部分为中片和腋下片共用的分割线。后片在腰节处设计横向腰襻，下面放出褶量。

⑤腋下省：当袖窿深超过人体胸点位置时，为避免袖窿腋下曲线与省之间交叉所造成的影响，在侧缝处避开袖窿设计腋下省，可以得到与水平省同样的效果。

⑥落肩袖：按照款式，落肩袖呈平直、耸起的状态，因此，袖倾角较大，但不能超过肩线的延长线。袖口曲线与袖中线必须垂直。

⑦立领：领窝较大，按照款式要求可以增加立领的前领起翘量，减小外弧线的长度。

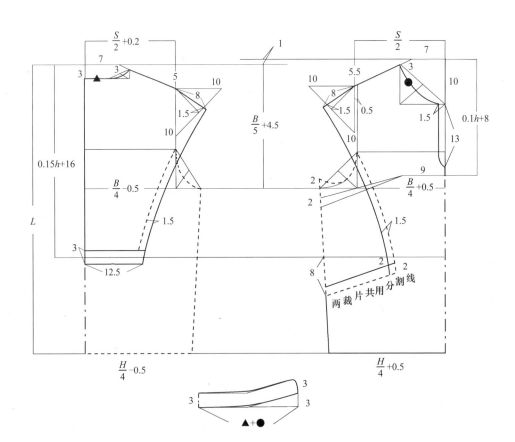

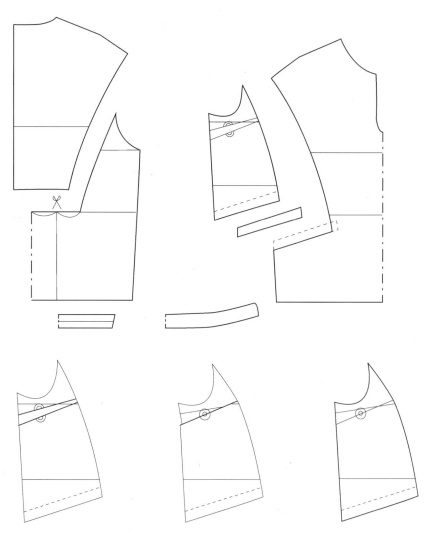

合并腋下省，并修正省的边缘线。衣身部分所剩余的腋下省量在车缝过程中吃进。

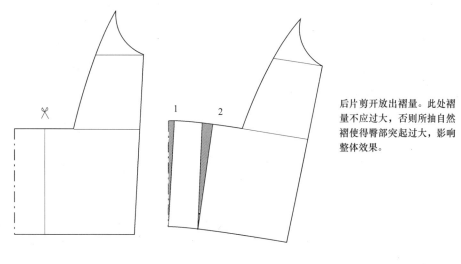

后片剪开放出褶量。此处褶量不应过大，否则所抽自然褶使得臀部突起过大，影响整体效果。

图2-4

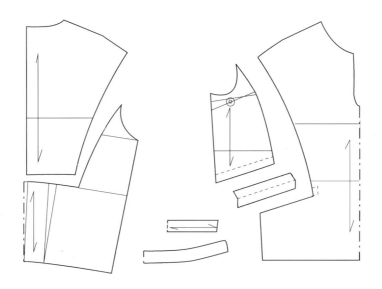

图2-4

三、衣身省转移结构实例分析

例4. 出自公主线的不对称省（图2-5）

公主线是最能体现女性曲线与柔美的设计，传统公主线较为单调，将其与其他省或褶结合可以得到更为时尚的款式。

本款是在公主线的一侧设计两条省，分别指向两个胸点。为保证异位省的长度，需要适当减小腋下片的宽度。

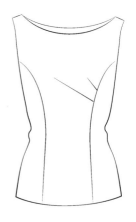

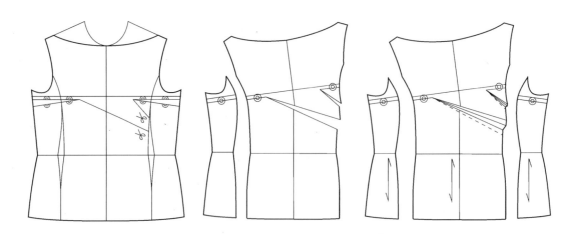

图2-5

例5．半袖短外套（图2-6）

款式特点：较宽松型，落肩式半袖结构，有背缝，无腰省，侧缝适当收腰。

参考尺寸：

（单位：cm）

	L	B	H	S	袖长	袖口
净尺寸	58	86	92	40	25	17
放松量		+12	+8			
成品尺寸	58	98	100	40	25	17

结构分析：

①半袖落肩外套是较为休闲的款式，袖窿较深。

②以连袖结构设计袖片，袖山高10cm。在款式所需的落肩部位（6cm）设计肩、袖分割线。袖口外翻边的边缘线需要按照翻折的对称点进行绘制。

③后片设计背缝省1cm，与侧缝所收省量1.5cm之和为2.5cm，与前片侧缝省量2cm之差在合理量范围（≤0.5cm）之内。

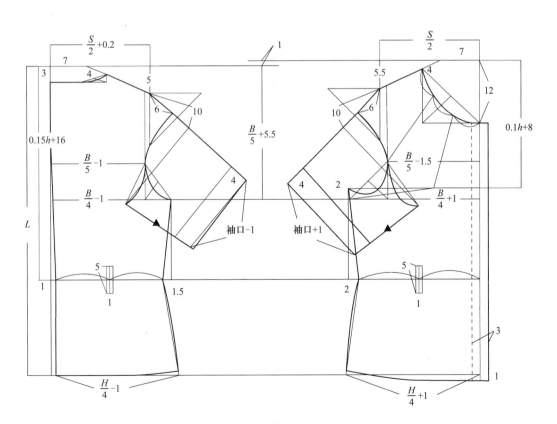

图2-6

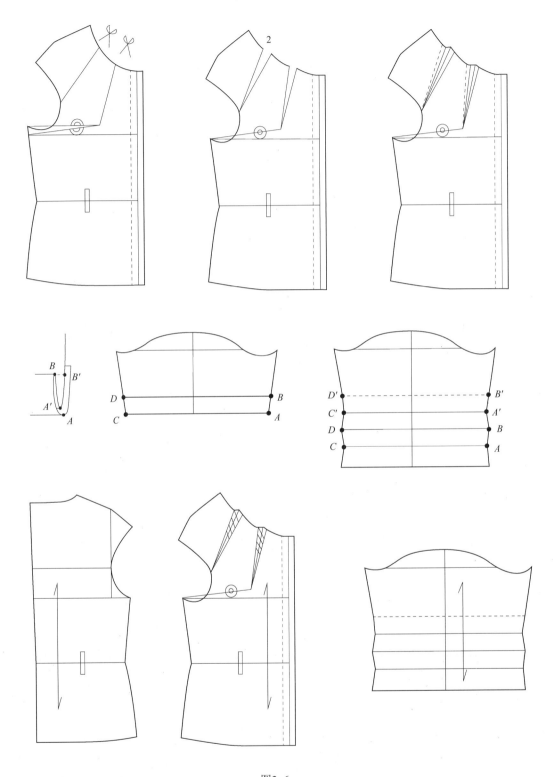

图2-6

例6. 跑步服（图2-7）

款式特点：合体型，插肩袖，衣身侧缝合并。前片为异形公主线结构，后片有多重分割。前、后纵向分割线设计2cm省量。虽然只有很少收腰量，但前片的公主线对人体有很强的修饰作用。本款式应使用有弹性的面料制作。

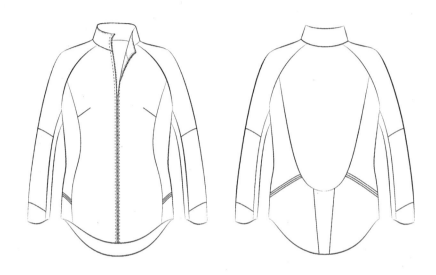

参考尺寸：

（单位：cm）

	L	B	H	S	袖长	袖口
净尺寸	60	86	90	40	54	11
放松量		+6	+6			
成品尺寸	60	92	96	40	54	11

结构分析：

①多重分割设计的款式，在各分割线设计时需要将审美与功能很好结合，才能使结构合理，外观能充分体现女性优美曲线。

②侧缝转移的前提是侧缝必须为直线，收腰所需省量2cm设计在前、后片的纵向分割线处。侧缝的垂直线导致胸、臀在同一条直线上，臀围所缺少的量需要在纵向分割线处予以补足，补充量$=\dfrac{H}{4}-\dfrac{B}{4}=1cm$。

③明拉链设计，假设拉链宽1cm，止口线要向里收进0.5cm，左、右片所收进的总量即为拉链的宽度。

④插肩袖分割为横、竖多块，后片纵向分割线位于肘部附近，其他分割线外观结构需要按照款式图很好分析后确定。

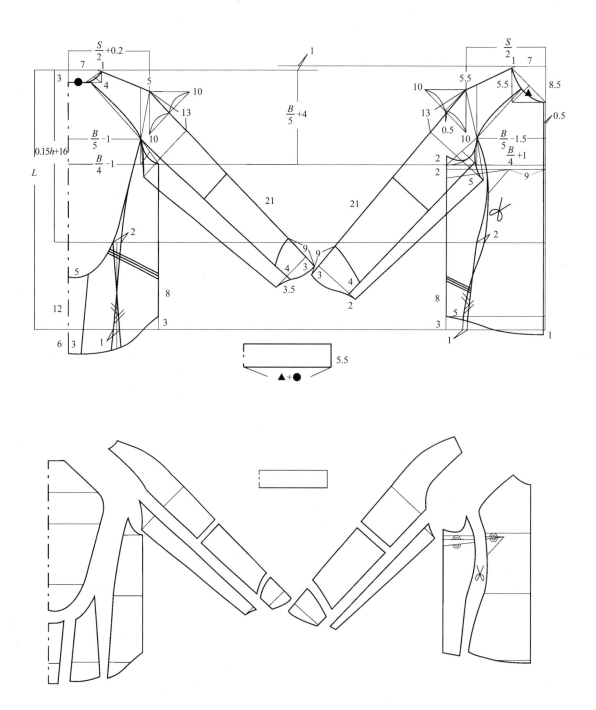

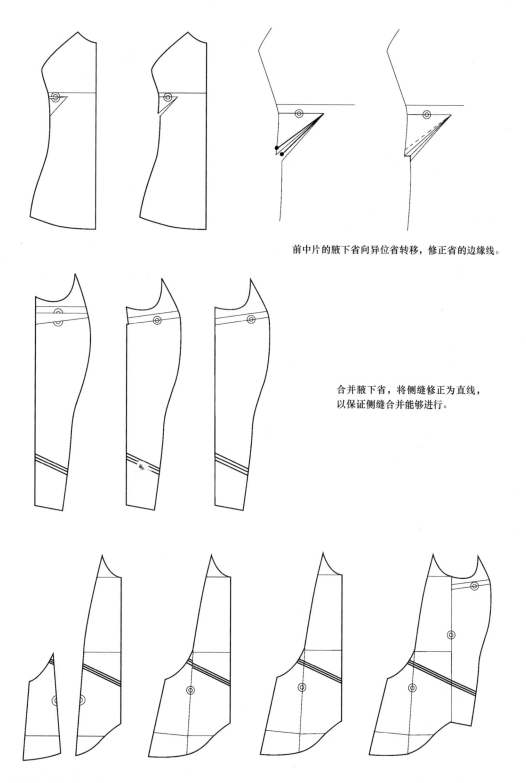

前中片的腋下省向异位省转移，修正省的边缘线。

合并腋下省，将侧缝修正为直线，
以保证侧缝合并能够进行。

后片腰省合并，并与前腋下片拼合，形成侧缝转移。修正装饰条，使之成为直线。

图2-7

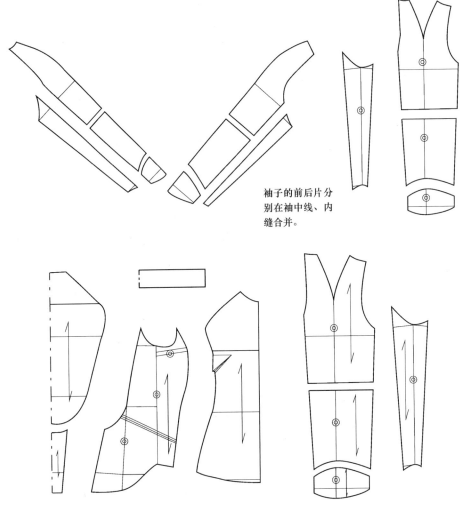

袖子的前后片分别在袖中线、内缝合并。

图2-7

例7. 小短袖衫（图2-8）

小短袖是近年女夏装中非常流行的袖款，很短的袖子虽然不像无袖装那样性感，但可穿着场合较为广泛。小短袖的袖长通常在5~10cm，只是装袖袖山的一部分，与袖窿相交于胸宽点和背宽点附近。

腰部的交叉带为装饰带设计，不参与衣身结构的变化。装饰带使用45°斜纱面料，使其具有较好的伸缩性，这样不需考虑收省的问题。装饰带对折成光边，上部固定于胸部下缘的分割线处，使其具有灵动感。

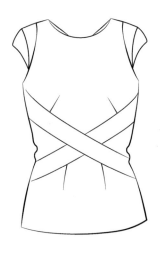

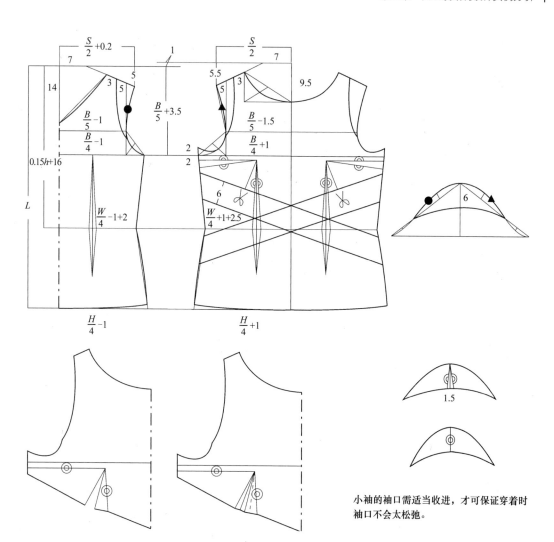

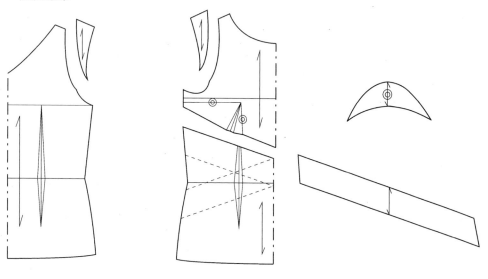

将胸片的腋下省、腰省均向异位省转移。按照对称法修正省的边缘线。

小袖的袖口需适当收进，才可保证穿着时袖口不会太松弛。

图2-8

第二节　衣身褶的结构设计实例分析

　　女装衣身褶的设计最能体现女装的优雅个性与人体曲线，褶的设计往往以胸部为中心，成为整件女装的重点。

一、省转移为褶

　　例8. 胸部抽褶（图2-9）

　　胸褶应以胸部的边缘线为基础进行设计，胸片抽褶可以使胸部更加饱满。

　　大领口、低胸设计，在领口处需要收省，可很好地围合胸部。

　　衣片部分的腋下省、腰省合并。胸片部分的腋下省转移至腰省处，这样可以使上、下省量相当。

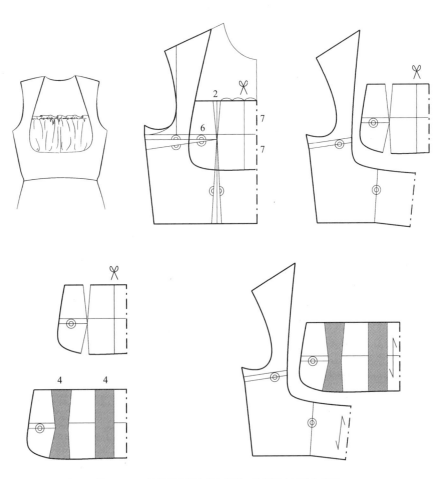

胸片设计褶量8cm，放褶的位置应均匀设计，放褶量也要均匀分配。

图2-9

例9. 前胸放褶（图2-10）

脖颈吊带式结构，胸部裸露非常多，在礼服中应用会有独特的效果，后片可以设计为大露背的形式。露肩结构为保证袖窿边缘很好包合胸部，需增加袖窿省，具体值还应结合面料斜纱方向的拉伸量而定，此处设计2.5cm省量。前胸开口直达胸围，领口按照款式设计绘制基础曲线。褶量的一半由三个基础省（腋下省、腰省及袖窿省）转移而来（假设褶量=a），剪开补充所缺少的另一半褶量（a），剪开线由款式中褶的方向确定。

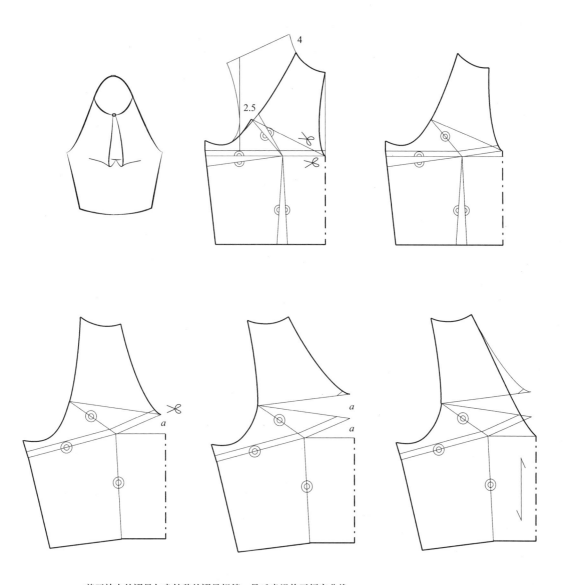

剪开放出的褶量与省转移的褶量相等。最后光滑修正领窝曲线。

图2-10

例10．双层贴边半袖衫（图2-11）

款式特点：较宽松型，领底抽自然褶立领，前襟为双层明贴边，断腰、抽褶式下摆。

款式的难点为前襟的明贴边结构设计。明贴边里、外两层在领台处对折，里层有搭门、系扣，外层对襟无搭门。

参考尺寸：

（单位：cm）

	L	B	S	袖长
净尺寸	58	86	39	17
放松量		+14		
成品尺寸	58	100	39	17

结构分析：

①前襟里层明贴边领台部分与外层明贴边连为一体，因此，里、外两层明贴边的止口线与领台的夹角互为补角（两角之和180°），才可以保证展开后边缘线为一条直线。

②前片领窝曲线测量至明贴边开始处。立领在领底弧线设计自然褶，为使褶均匀分布，剪开线应该按照比例设计位置。腋下省转移至领窝，与立领的褶相呼应。

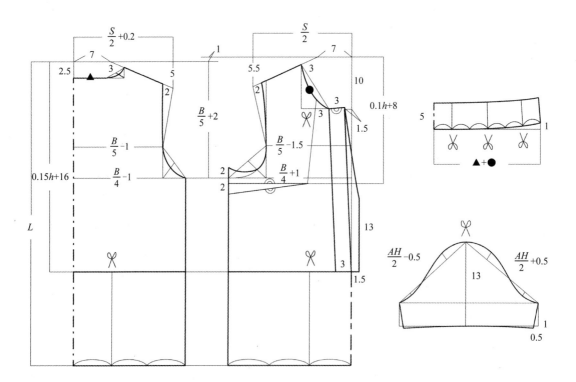

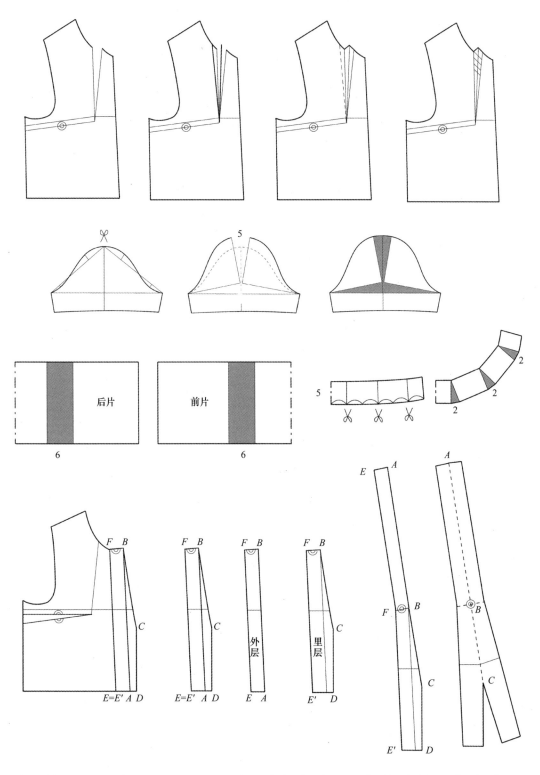

双层明贴边结构：将明贴边里、外两层分开，两层贴边的FB合并，并检验A、B、C是否在一条直线上，若不在一条直线上，可以修正FB的倾斜角度。最后将贴边结构沿直线ABC展开，即得到贴边的里、外两层及它们的里和面。

图2-11

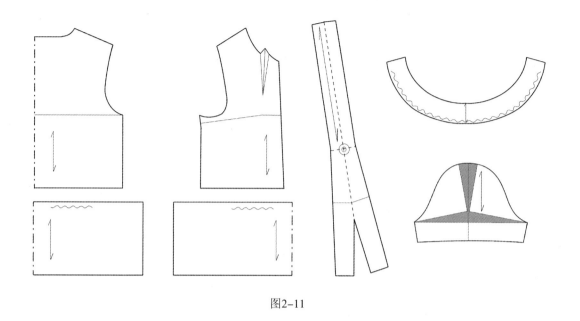

图2-11

例11. 错层褶（图2-12）

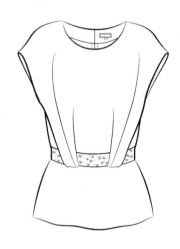

款式特点：合体型，腰节以上为内外两层，内层无袖，外层为落肩袖。腰节为分割式横向腰带设计，外层褶夹缝在腰带下面，形成特殊装饰效果。后中心装拉链。

参考尺寸：

（单位：cm）

	L	B	W	H	S	胸宽	背宽
净尺寸	60	86	68	92	39	33	34
放松量		+6	+6	+8			
成品尺寸	60	92	74	100	39	33	34

结构分析：

①里层衣身是整件衣服的主体，依此为基础才可准确绘制外层落肩袖衣片，并可准确定位褶的位置。

②里层衣身在腰节处设计分割式腰带，腰带关于腰节线上下对称。而上、下衣片在腰侧点增加补充量，可以使结构更合体。

③外层衣片在腰带以下设计两个褶，一个褶由基础腰省转化而来，另一个褶指向肩点，剪开、旋转放出褶量。

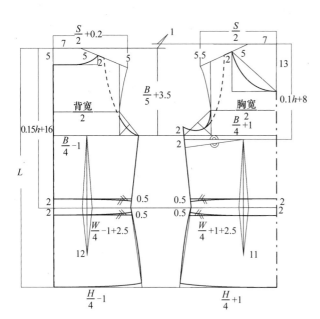

肩附近的虚线为里层结构。

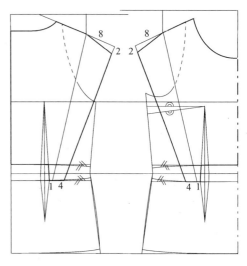

外层设计：肩线延长8cm，向下倾斜2cm，得到落肩袖的袖中线；将袖口与腰带下端（距基础腰省1+4=5cm）连接。

褶的设计：中褶由基础腰省转换而来；侧褶为装饰褶，距基础省1cm，直达肩点。

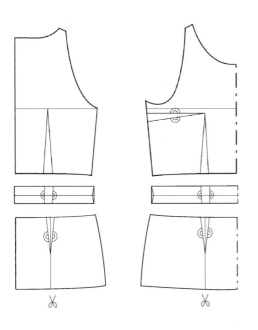

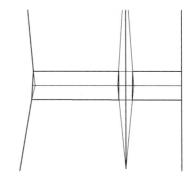

腰带处的腰省需要进行合并，形成一个完整部分。因此，需将腰节处菱形省修正为直线。腰侧也需做同样的修正。

图2-12

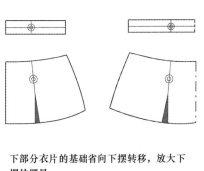
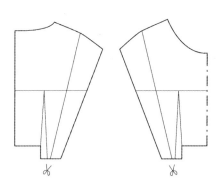

下部分衣片的基础省向下摆转移，放大下摆的摆量。

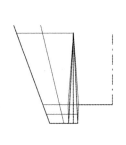
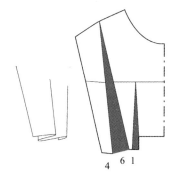
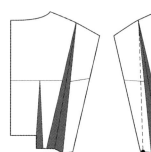
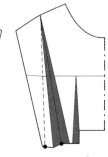

4 6 1

外层褶：将基础省道修正为直线，以褶的形式收回。

侧褶按照褶的折叠方向设计：由于侧褶与边缘线之间的距离为4cm，褶在折叠后不应超出边缘线，因此设计褶大为3cm，褶量=3×2=6cm；沿剪开线放出褶量。依对称法修正褶的边缘线。

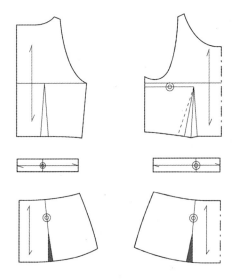
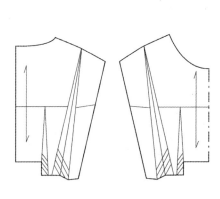

图2-12

例12. 不对称悬垂摆（图2-13）

单侧装饰悬垂摆片，悬垂片在肩部翻折，为双层结构，翻折部分在后片过肩分割线处固定。

首先按照款式绘制装饰片的结构图，再将对折部分展开为一个平面，将后片肩部装饰片与之拼合为一个整体。

参考尺寸：

（单位：cm）

	L	B	H	S	胸宽	背宽
净尺寸	58	86	90	39	33	34
放松量		+6	+8			
成品尺寸	58	92	98	39	33	34

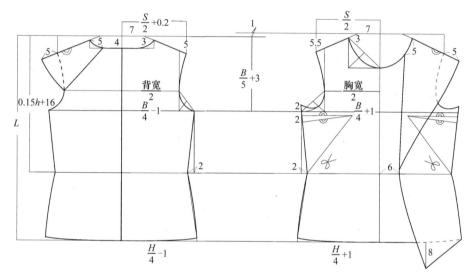

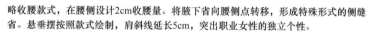

略收腰款式，在腰侧设计2cm收腰量。将腋下省向腰侧点转移，形成特殊形式的侧缝省。悬垂摆按照款式绘制，肩斜线延长5cm，突出职业女性的独立个性。

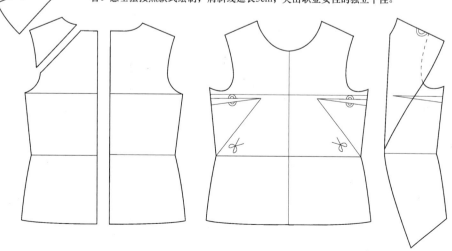

图2-13

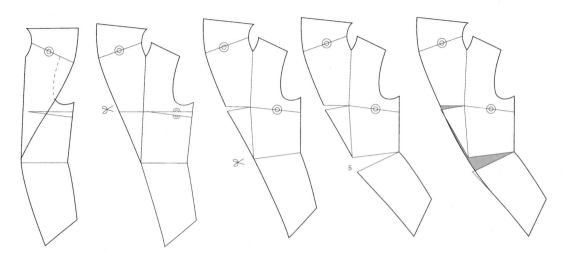

悬垂片结构设计：后肩片与前悬垂片相拼，将对折部分展开，即成为悬垂片的完整基础样板。

腋下省转移至装饰片的边缘，腰节线剪开放出5cm悬垂量，并将边缘线按照中点原则修正光滑。所放出的量成为悬垂片边缘的褶量。

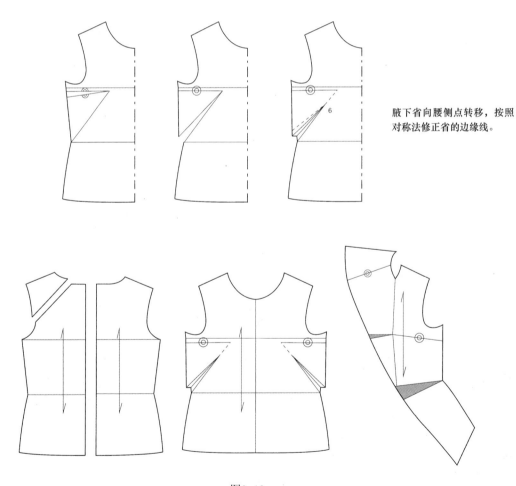

腋下省向腰侧点转移，按照对称法修正省的边缘线。

图2-13

二、剪开放褶

例13. 下摆抽褶宽松衬衣（图2-14）

款式特点：宽松型，下摆放大并抽褶，男式衬衣领，衬衣袖。后片下摆设计叠开衩。

参考尺寸：

（单位：cm）

	L	B	H	S	袖长	袖口
净尺寸	70	86	92	40	54	11
放松量		+20	+20			
成品尺寸	70	106	112	40	4+50	11

结构分析：

①宽松肥大的衬衣，前后片可以没有调节量。合体袖型的袖窿应该较浅，所以袖窿深的调节量只有1.5cm。袖山需要适当高一些，可减小袖子的肥度。

②当放松量很大时，如果袖子设计较为合体，胸宽与背宽应在人体实际位置附近。在此款中，由胸围的成品尺寸得到的胸宽和背宽已经超出肩宽，因此，需要调整基础公式，使胸宽和背宽小于肩宽是值，即胸宽=$\frac{S}{2}-1$，背宽=$\frac{S}{2}-0.5$。

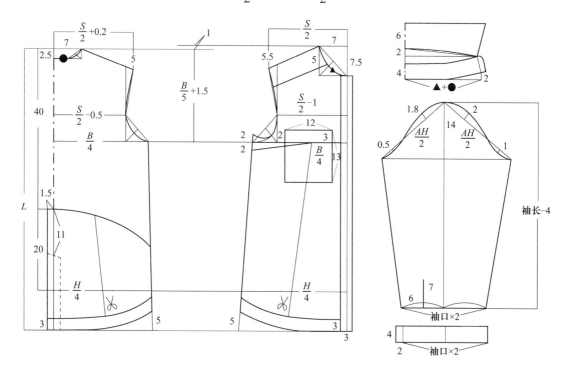

图2-14

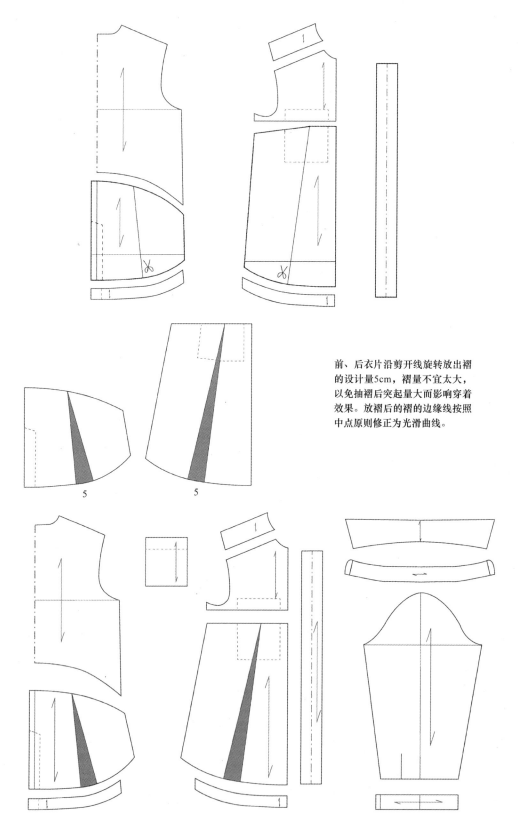

前、后衣片沿剪开线旋转放出褶
的设计量5cm，褶量不宜太大，
以免抽褶后突起量大而影响穿着
效果。放褶后的褶的边缘线按照
中点原则修正为光滑曲线。

图2-14

例14. 对褶长衬衣（图2-15）

款式特点：宽松型长款衬衣，有过肩，腋下省转移为侧缝省。前、后片对褶设计，对褶之间留有1cm空隙，并做部分固定。小方角男式衬衣领，合体型衬衣袖。

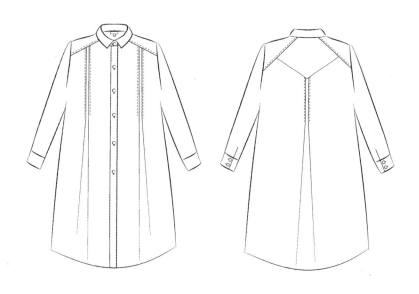

参考尺寸：

（单位：cm）

	L	B	S	袖长	袖口	下摆
净尺寸	85	86	40	55	11	172
放松量		+16				
成品尺寸	85	102	40	51+4	11	172

结构分析：

①衣身为宽松款式，但袖子合体型，较大的胸围放松量使基础袖窿公式 $\frac{B}{5}$ 的值较大，因此，调节量的值应减小，此处取值2cm。

②宽松款式的胸围调节量取值可以适当减小为0.5cm。

③明贴边与衣片连为一体，在绘制结构图时应按明贴边的折叠方式逐一展开绘制。

④放褶的边缘线要按照对称法进行修正。

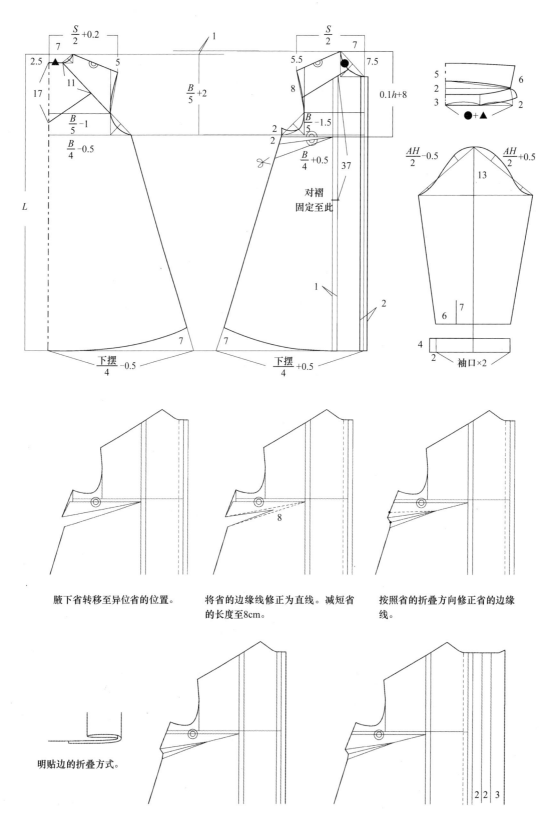

腋下省转移至异位省的位置。

将省的边缘线修正为直线。减短省的长度至8cm。

按照省的折叠方向修正省的边缘线。

明贴边的折叠方式。

按照明贴边的折叠方式依次放出贴边量。

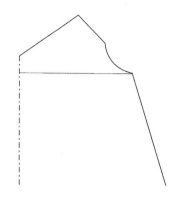 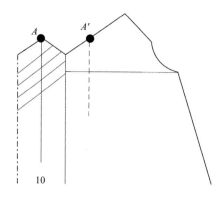

后片中心线设计对褶，对褶大5cm，褶量=5×2=10cm。将后中心线平移放出褶量，按照褶的倒向，以对称法修正褶的边缘线，注意点的对称关系。

前片对褶的折叠形式，对褶之间有1cm间隔。

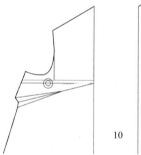

设计褶大为5cm，则褶量=5×2=10cm。沿剪开线平移放出褶量。

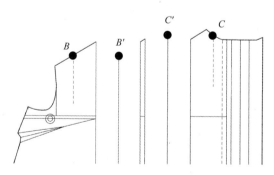 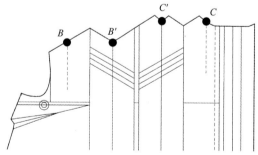

褶的边缘线修正：做褶的中心线，并按照褶的折叠方向确定边缘线上的折叠点以及与之对称的褶中线上的点，即B′与B、C′与C是两对儿对称点。

确定褶的边缘线，保证对称点之间的线段完全对称。确定褶的倒向线。

图2-15

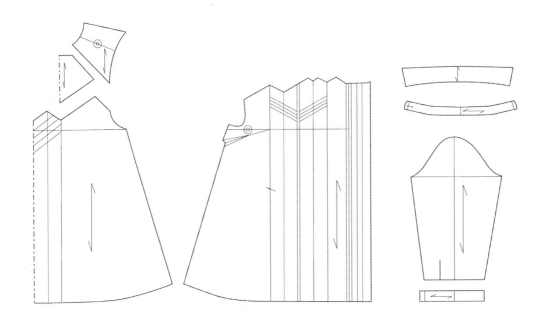

图2-15

例15. 折叠褶（图2-16）

款式特点：合体型，断腰结构。在领窝的前胸处设计折叠褶，为半褶结构，是近年非常流行的设计。下摆左右各有一个大褶，构成设计的重点。

参考尺寸：

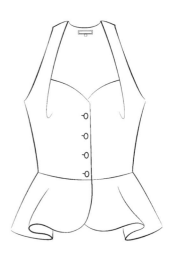

（单位：cm）

	L	B	W	H	S	胸宽	背宽
净尺寸	55	88	68	92	39	33	34
放松量		+8	+8	+10			
成品尺寸	55	96	76	102	39	33	34

结构分析：

①衣长在臀围以上，在结构设计时，必须按照臀围线所在位置进行制图，设计的衣长在此基础上截取。

②大领窝、大袖窿，需要设计领窝省和袖笼省，使边缘线收紧。

③由于人体胸部较为丰满，前片腰节以上部分在断腰处另外增加1cm胸高量的补充量。断腰结构的下摆部分按照半身裙的结构进行设计。上、下衣片在腰侧点有少量重叠，要注意在纸样设计时补正。

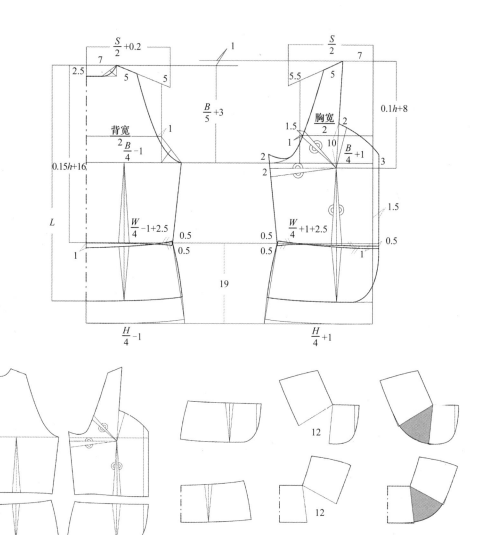

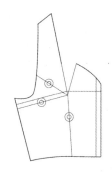

腰省、腋下省、袖笼省均转移至领窝省处。

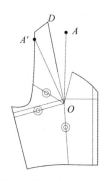

领窝褶的结构设计：做领窝省的省角中线OA，OA'是OA关于OD的对称线，即$OA=OA'$。

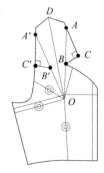

将领窝曲线延长至B，在OA'上确定点B的对称点B'。在袖窿曲线上确定点C'，使$B'C'$与$C'A'$垂直。用对称法做关于OD的对称图形$DACB$。在工艺制作时，将$ODACB$这个对称图形沿OD折返，即可得到所设计的折叠褶。

前、后腰片在剪开线处放出12cm褶量，并修正为光滑曲线。腰口曲线在放褶后呈折线状态，不要修正，在车缝时抻直腰口曲线，即可形成设计的大褶。

图2-16

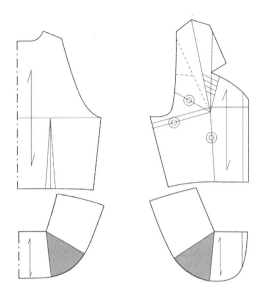

图2-16

第三节　领与袖的结构设计实例分析

领、袖是女装中除衣身之外最重要的部件，领、袖的变化可以成为女装设计的重点，使女装紧跟潮流，成为具有个性的设计点。

一、领的结构实例分析

1. 领子基础结构要点

从结构上讲领子可分成立领、平领和驳领三类，而立领又可归结为平领的一种特殊情况。

（1）平领结构（图2-17）

领窝长度是领子制图基础，在测量领窝长度时，按照款式，测量至领窝的前中心点（多数情况下，领台不包括在其中）；领片的领底斜线长与领窝长度相等。对于平领来说，重要的是确定领子倾倒量的值，不同领窝大小、领子的宽度、领片与身体的贴切程度，倾倒量都不同；若在基础领窝上装平领，领宽为8cm时，倾倒量为3cm左右。

（2）在衣片上制图的平领结构（图2-18）

将领窝曲线长度作为基础，平领的领片单独制图有它的简便性，但缺乏立体、形象、直观的效果，一些与衣片相叠较多的平领（如披肩领、海军领等）可采用在衣片领窝的基础上进行制图的方法，形象、直观地绘制所需领片。领片趴伏在肩上的量越大，领片与衣片的关系就越紧密，以衣片为基础绘制领片就越方便。

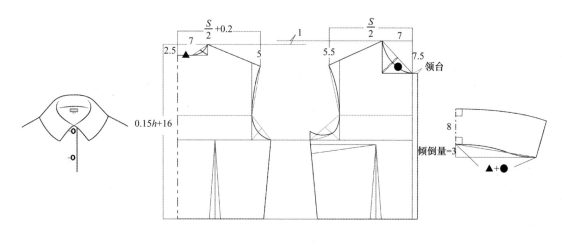

图2-17

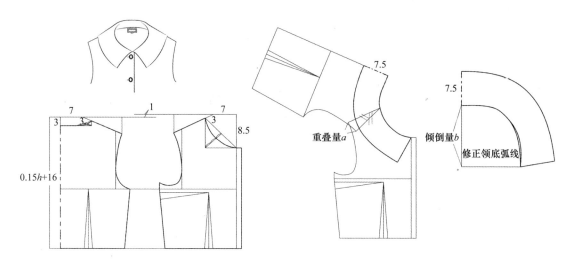

图2-18

（3）立领的结构（图2-19）

颈与领的关系是立领结构制图的关键，立领大多是合体与较合体的款式，这就决定了领片制图的准确性应较高。基础领窝所对应立领的前领起翘≤2.5cm，一般女性脖子所适应的领宽≤4.5cm。当领窝较大时，前领起翘的值可适当加大，将立领围合后的领口不超过基础7°线即可。

（4）驳领（图2-20）

驳领与衣身之间的关系较平领紧密，因此，以衣片为基础可以更准确、便捷地绘制结构图。西装领的领片与平领结构相似，前面与驳头相连，而驳头与前衣身连为一体，是前衣身的一部分。在结构制图中，驳头常利用对称法进行绘制。

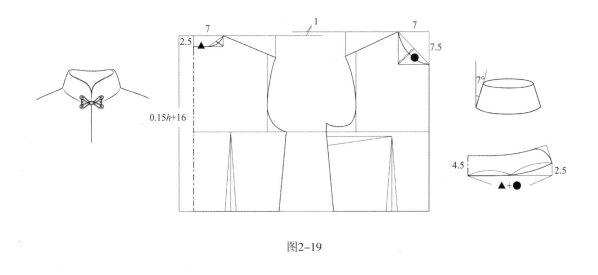

图2-19

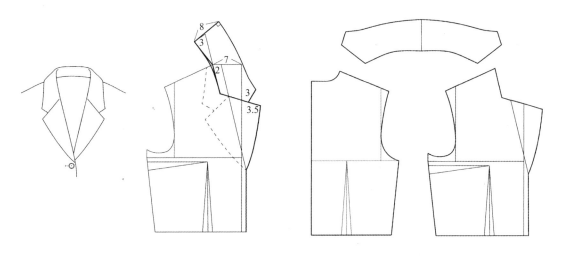

图2-20

2. 领子结构实例分析

例16. 连体立领（图2-21）

设计立领宽度为4cm。在后片衣身与立领之间需要符合人体脖子的活动状态，人体在静止状态时，脖子略向前倾，但多数情况下人的脖子要转动，或抬头、或低头，这时脖子不受后领的约束，更不能有多余量形成不必要的褶，影响服装的整体效果。因此需要在后片衣身与领片之间增加1cm省量，同时调整领底弧线与衣身领窝曲线长度一致。

例17. 平领与悬垂褶结合（图2-22）

披肩式平领的倾倒量很大，可以按照在衣片上制图的方式得到基础领片。明贴边下缝合的悬垂褶与领片相连，可以按照所设计的位置、褶量确定螺旋式领片。

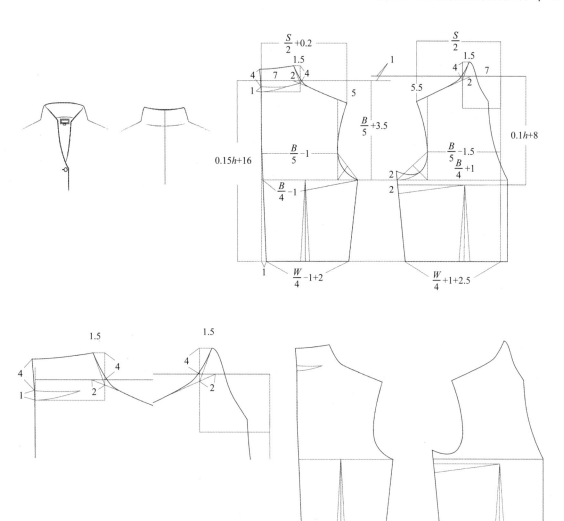

图2-21

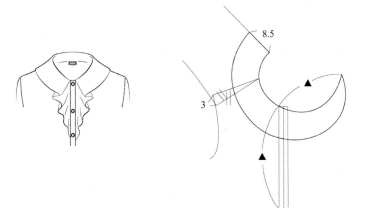

图2-22

例18. 驳领（图2-23）

款式特点：较合体型，不对称结构，右片设计装饰驳头。

参考尺寸：

（单位：cm）

	L	B	W	H	S
净尺寸	58	86	68	90	39
放松量		+8	+8	+6	
产品尺寸	58	94	76	96	39

结构分析：

①不对称前襟：宽搭门通常不超过对面的胸点，这样可以避免涉及对面的腋下省，可保证前襟的平整，此处设计右片搭门的宽度至左侧胸点的位置，同时减小左片宽度，与右片止口线重叠4cm（搭门）。右片暗门襟按照常规宽度3cm设计，门襟缉明线固定。

②驳领：由于驳领与衣片相连，翻折线必须为直线，穿着后，由于重力的作用，这条翻折线呈一定的弯曲状态，弯曲量的大小由面料的物理性能决定。驳领可以按照款式直接在结构图上绘制。按照对称法，关于翻折线对称绘制出驳领的结构图。如果使用面料较厚，还需要补充少量由于翻折所损失掉的驳领宽度。左片领窝可以设计为柔和的曲线。

③腋下省向下摆转移，成为通摆省，使衣身较为干净，重点突出。将通摆省修正为与人体胸点至腰节部位一致的曲线形式。

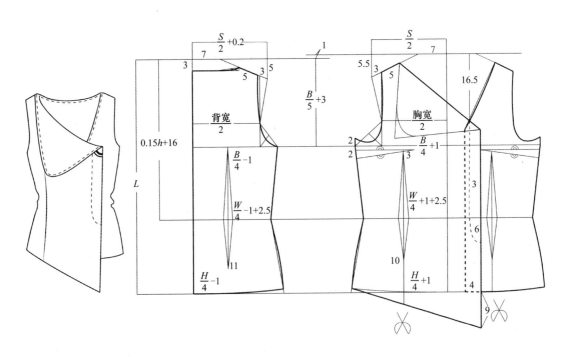

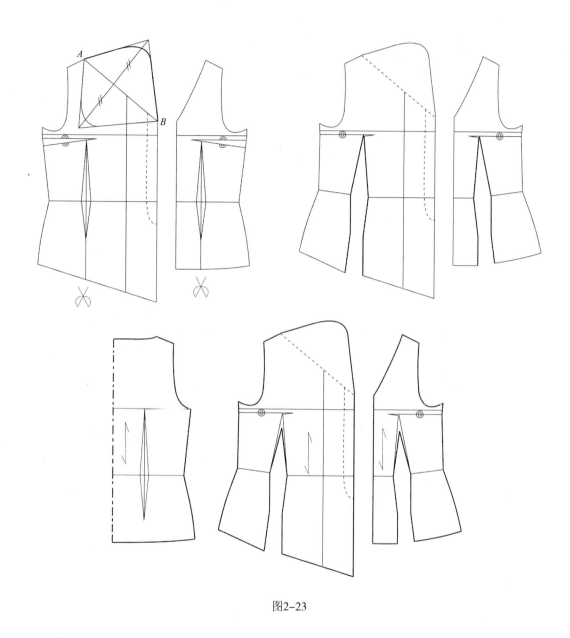

图2-23

例19.　披肩领（图2-24）

披肩领爬伏在肩上，因此需要在基础衣身上进行结构制图，领片超出肩点部分形成连袖结构，由于款式的合体性，袖中线倾角应尽量小，以包裹肩部及胳膊效果为好。领片分别在对面的分割线中固定；右侧领片设计自然褶，用中线原则修正褶的边缘线。左领片在右领片的下面，无需放褶，保持领片的基础结构即可，这样可以使外观平整。由于前片为低胸结构，设计2cm领窝省，收省后可使边缘紧密包裹胸部。

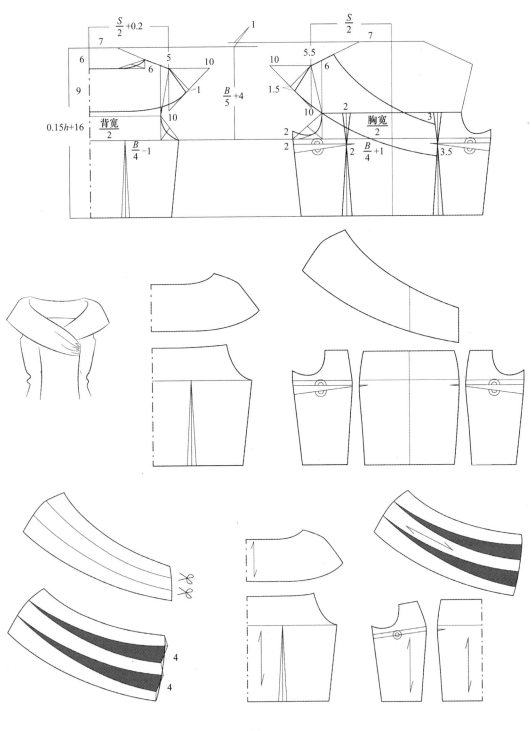

图2-24

二、袖子结构实例分析

1. 袖子基础结构要点

袖子以衣身袖窿的长度为基础进行结构设计。按照结构不同，袖子可分为一片袖、两片袖以及连袖三种类型。

（1）一片袖（图2-25）

基础一片袖需要依赖衣身的袖窿曲线长度进行制图。由于女装衣身前片围度大于后片，因此，前片衣身袖窿的长度也大于后片，在袖子结构中也需要与此相适应，即袖子前袖山斜线长=$\dfrac{AB}{2}$+0.5，后片袖山斜线长=$\dfrac{AB}{2}$-0.5；袖口也应进行相应的调整。当衣身围度调节量减小甚至没有时，袖山斜线和袖口的调节量也应做适当变化。

合体一片袖应与人体胳膊的弯曲相似，需增加袖中线前倾量，使袖子符合人体胳膊的弯曲状态。

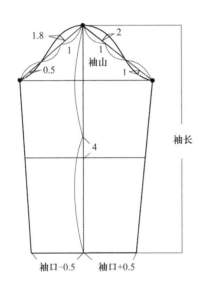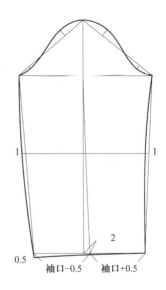

图2-25

（2）两片袖结构

由一片袖得到的两片袖（图2-26）：为使袖子与胳膊更加贴切，需要在一片袖的基础上在胳膊肘与胳膊弯附近进行纵向分割，将分割出的两个小袖片拼合，即可得到两片袖。

西式两片袖结构（图2-27）：结构基础即为胳膊肘与胳膊弯（适当调整3cm）所对应的纵向分割线。袖山的各曲线均按照比例关系确定，小袖是在大袖的基础上制图而成。大袖与小袖在袖偏线处有3cm的互补量，所以袖子的肥瘦可以直接从袖偏线测量得到。

（3）连袖结构（图2-28）

连袖可以按照衣身与袖片之间的关系在衣身上直接绘制。

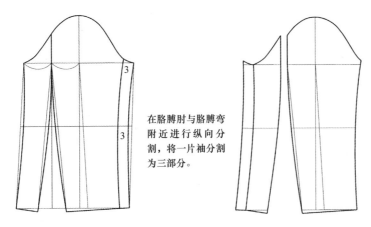

在胳膊肘与胳膊弯附近进行纵向分割，将一片袖分割为三部分。

两部分小袖片的腋下点与袖口点相对，合二为一。将3cm的小袖片的弯曲状态进行修正，构成新的小袖。大袖与小袖的弯曲状态与胳膊一致，得到合体两片袖的结构。

图2-26

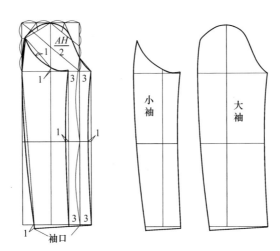

图2-27

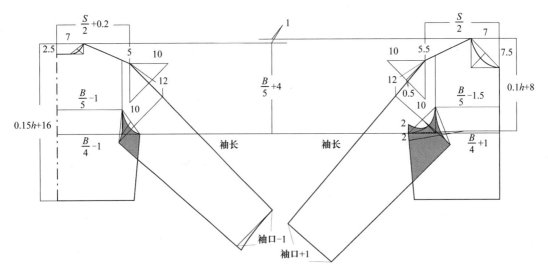

图2-28

连袖衣身与袖片在腋下有部分裁片重叠（阴影部分），作为衣、袖相连的连袖服装来说，可以将重叠部分与结构线设计结合，得到很好的款式效果。

2. 一片袖变化实例分析

例20. 鸡腿袖（图2-29）

鸡腿袖是典型的泡泡袖，放褶部位多数涉及肩的结构。将衣身肩部分割，该部分将借与袖子，成为袖借衣身的典型。鸡腿袖的袖山部分宽松、肥大，袖筒往往较为合体。

鸡腿袖常使用在演出服、礼服等类型的服装上。袖山褶量很大，需要有袖撑辅助支撑。袖撑可以使用网眼纱及压缩棉缝制，网眼纱有支撑作用，压缩棉可使造型较为柔和。

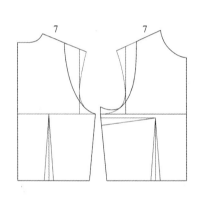

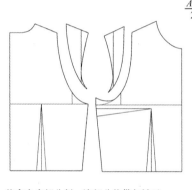

将衣身肩部分割，该部分将借与袖子。

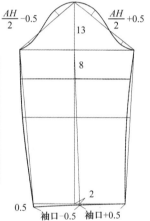

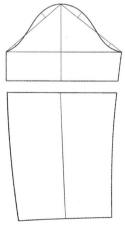

按照设计分割线的位置，将袖子分为两部分。

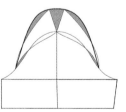

将衣身肩部所修正部分移植到袖山。

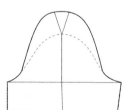

修正所移植部分的曲线，增加和减少的量与移植部分与袖山之间的关系相符。

修正后的袖山曲线光滑、流畅。

图2-29

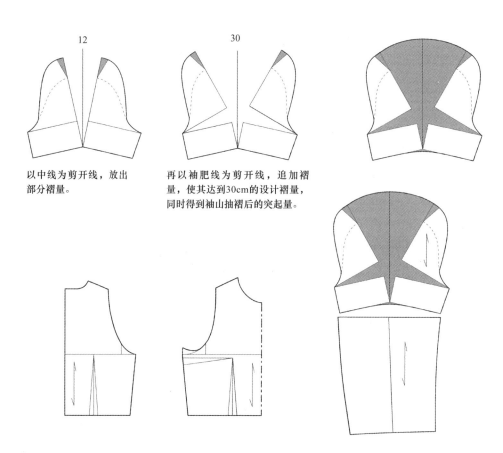

以中线为剪开线，放出
部分褶量。

再以袖肥线为剪开线，追加褶
量，使其达到30cm的设计褶量，
同时得到袖山抽褶后的突起量。

图2-29

例21. 360° 喇叭袖（图2-30）

以袖窿长AH=●+▲为基础绘制袖片。由圆的半径与圆周长之间的关系公式绘制小圆
（袖山曲线）：圆周长AH=$2\pi \times$半径r，半径r=$\dfrac{\text{圆周长}AH}{2\pi}$，得到袖窿圆的半径$r$=$\dfrac{●+▲}{2\pi}$，
袖口所在的大圆直径$2R$=袖子腋下长4cm+袖窿圆直径$2r$+袖中线长15cm。

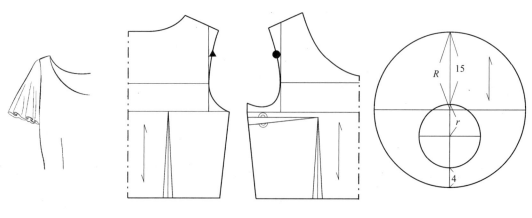

图2-30

3. 两片袖实例分析

例22. 袖肘缝与袖肘褶相结合的七分袖（图2-31）

袖肘褶设计为半固定形式，即褶需要车缝固定至长度止点处。袖缝与褶结合，形成特殊效果。为突出袖肘褶而将袖肘缝向袖缝移动2cm，三个褶呈放射状。休闲类服装的袖子较肥、肘部的凸起量较大，设计的褶量可以大于胳膊肘弯曲所需的量。

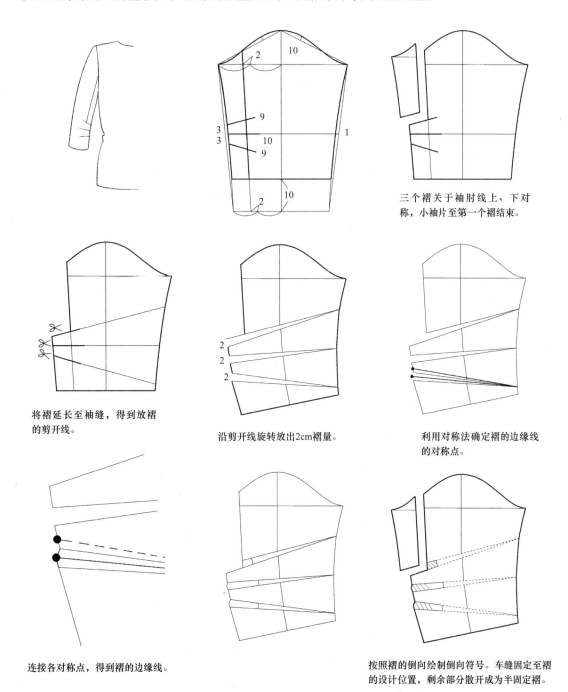

三个褶关于袖肘线上、下对称，小袖片至第一个褶结束。

将褶延长至袖缝，得到放褶的剪开线。

沿剪开线旋转放出2cm褶量。

利用对称法确定褶的边缘线的对称点。

连接各对称点，得到褶的边缘线。

按照褶的倒向绘制倒向符号。车缝固定至褶的设计位置，剩余部分分散成为半固定褶。

图2-31

例23．平肩袖（图2-32）

肩部变化的两片袖是衣片肩部的部分结构借与袖子，从而改变了衣身与袖子分割线的位置，达到独特的外观效果。

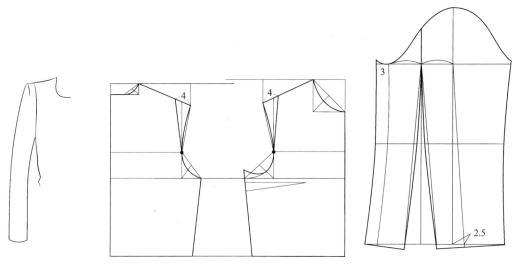

衣身与袖子仍按照基础结构绘制，只是在衣身肩部分割出4cm部分，成为衣身借与袖子的基础。

以一片袖为基础分割出两片袖结构。

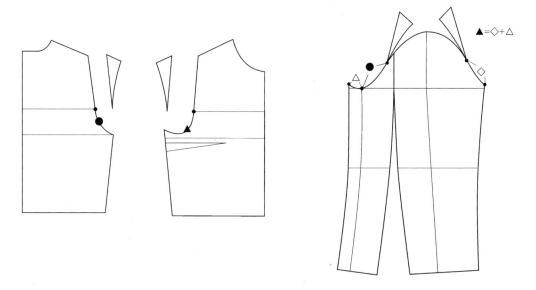

将基础衣身的肩部分离出的三角形部分与袖山对合（相切），应注意对合点的位置：后片从袖子的腋下点测量与衣身后片袖窿●相同的量。衣身前片袖窿腋下的量▲对应袖子的位置：由于袖子前片分割出3cm，与后片合并成小袖，因此▲=△+◇。

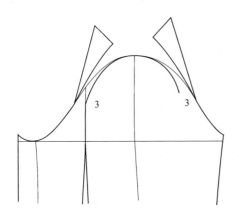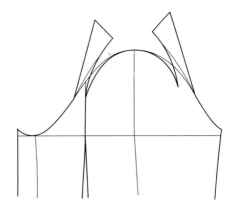

基础袖山曲线向下修正3cm，绘制新的袖山曲线，将修正量转移至三角片。

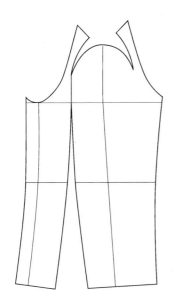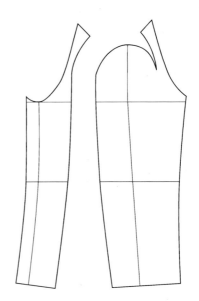

图2-32

例24. 翘肩、双公主线结构（图2-33）

款式特点：合体型，翘肩结构，立领与驳头结合的领形；衣身为双公主线，前短、后长。

参考尺寸：

（单位：cm）

	L	B	W	H	S	袖长	袖口
净尺寸	68	86	68	90	39	54	13
放松量		+6	+6	+6			
成品尺寸	60+8	92	74	96	39	54	13

结构分析：

①翘肩需要在基础肩线上修正而成，翘肩的位置要准确把握，起翘量不能太大。

②双公主线省量的分配：前片中省在胸点以下，省量较大。后片设计背缝，两条公主线及背缝的省量需要合理分配，且总省量与前片省量之差应在允许范围（0.5cm）之内。

③臀围以设计量确定基础臀侧点，但款式中下摆有较多褶量，因此，需要在公主线腰节以下按照切线原则追加摆量。

④翘肩所对应的两片袖要在基础两片的袖山顶端进行修正。

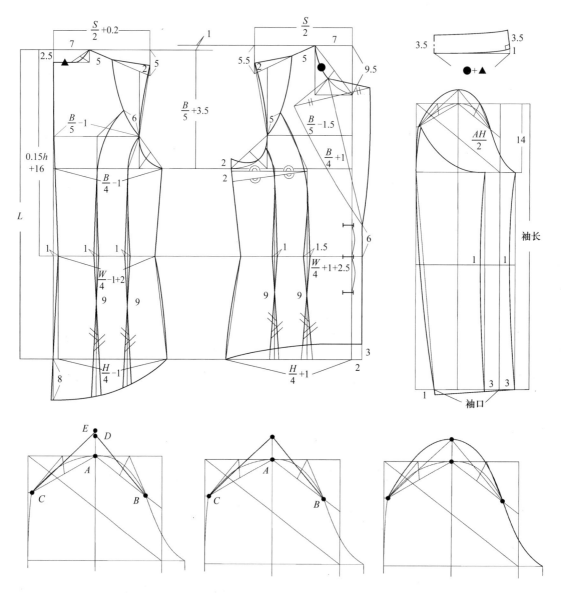

在基础袖山上补充所需翘肩量：设计翘肩在袖窿肩点的补充量为2cm，测量前袖山曲线BA和后袖山曲线CA的长，延长袖中线，分别过B、C向袖山中线做BD=BA+2，CE=CA+2，D与E不在同一位置上，确定DE的中点为新的袖山顶点。在新的袖山斜线的基础上绘制新的袖山曲线。

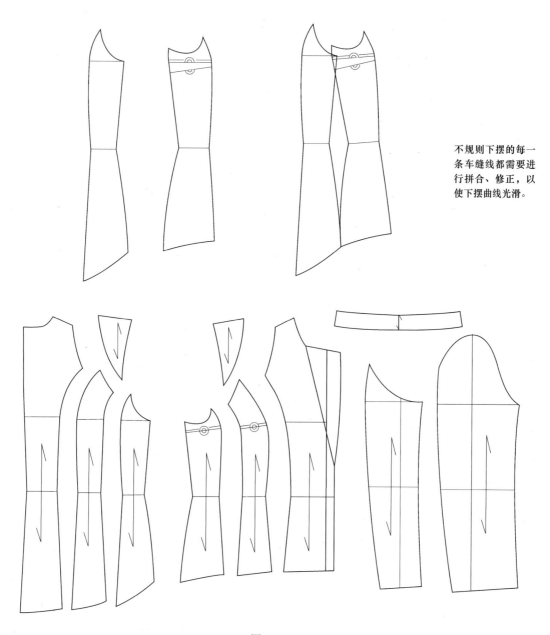

不规则下摆的每一条车缝线都需要进行拼合、修正，以使下摆曲线光滑。

图2-33

4. 连袖实例分析

连袖是近年非常流行的袖形，连袖并不等于衣、袖必须相连，而是指在衣片的基础上进行结构设计的袖形。当然其中包括衣袖相连的形式，也有插肩袖、部分连袖、领袖相连等多种形式。

连袖需要在衣身结构的基础上进行制图，制图的关键点有肩点、胸宽点和背宽点。

例25．披风（图2-34）

典雅风格的前短、后长披风。胳膊的活动范围以双手抱合并给出一定活动量为准。双手抱合的角度为15°左右，但上肢的活动量需要包括一只胳膊举杯饮水时的抬起角度，大约为45°左右，将这两个角度之和平均至两侧，得到袖倾角约30°左右，确定袖中线位于等腰三角形底边中点以下约2cm。

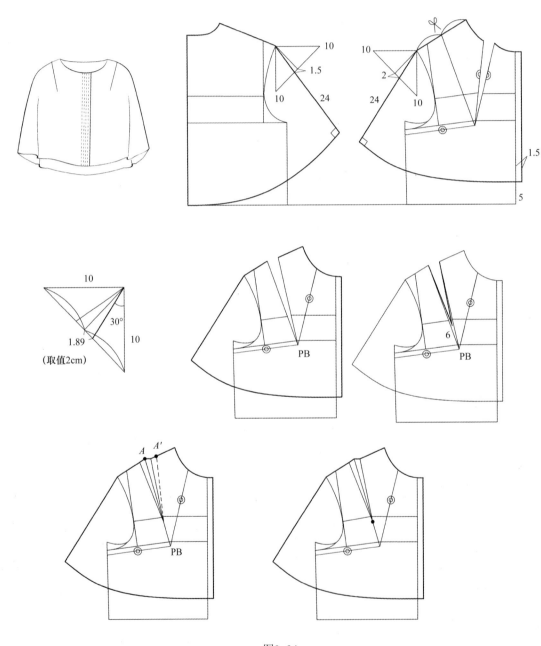

图2-34

例26. 长袖披风（图2-35）

披风下摆到袖口均开口，袖口呈尖角型。过肩及领子可以采用针织面料，套头穿着。分割线的设计使基础省有条件进行合并、转移。衣片上所剩小省可以车缝吃进。

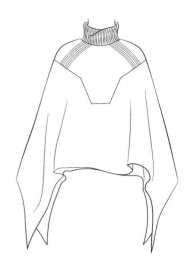

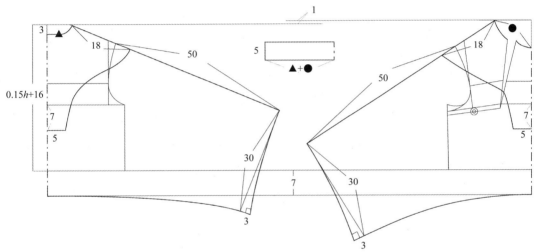

前领窝曲线的长●不包括省量。

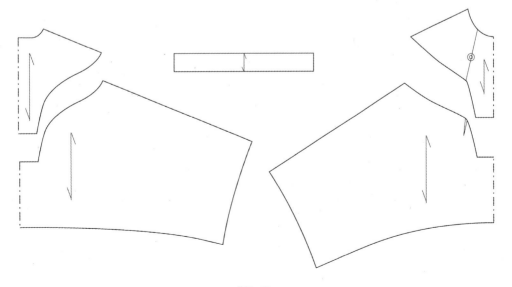

图2-35

例27. 插肩袖结构（图2-36）

在连袖结构的基础上，从领窝至腋下分割衣身与袖片，两个不相连的裁片可以补充腋下重叠的部分，得到衣身与袖片的立体结构，使穿着更为合体。

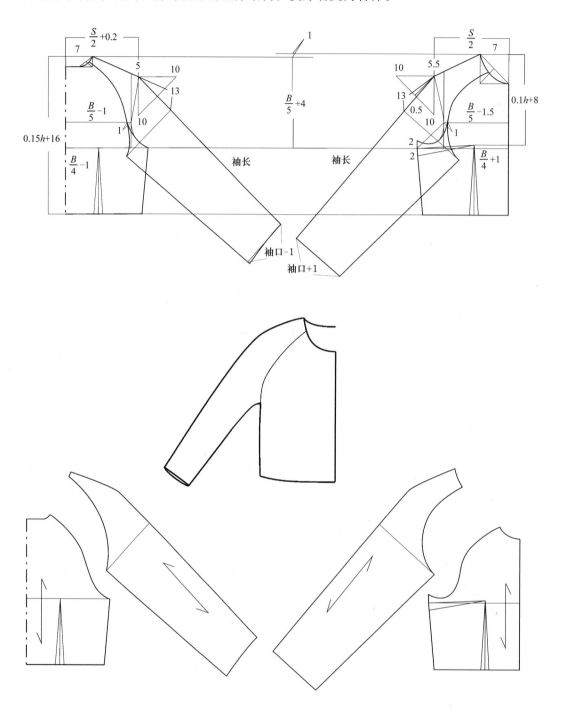

图2-36

例28. 插肩袖与褶（图2-37）

插肩袖的肩点对合使得袖中线呈折线状，利用这条折线特性可以对插肩袖的款式进行不同设计，达到更为特殊的效果。

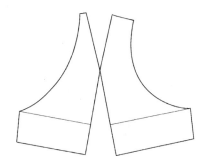
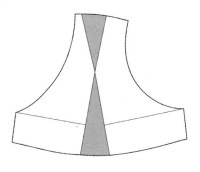

袖子的领口部分与袖口均设计褶，可以将前、后袖片以肩点为对合基础，上下所分开的量即成为相应的褶量。用中点原则绘制的前、后袖片的边缘线，使之成为一个整体。

袖子与衣身的分割线处设计褶，此处褶量不应过大，否则肩部膨大影响外观。

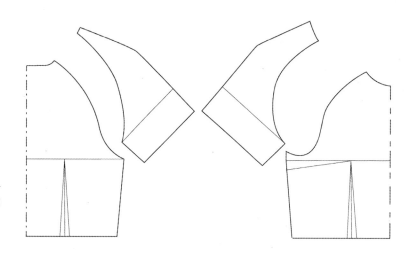

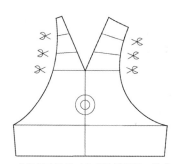
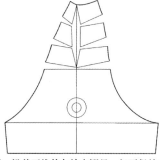
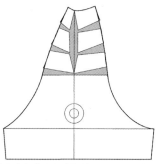

合并插肩袖前后片的袖筒部分，袖山张开，沿剪开线均匀放出褶量，但要保持中线长度与肩线长度相等，阴影即为放出的褶量。

图2-37

例29．过肩式插肩袖（图2-38）

衣身与袖子的分割形成过肩式插肩袖，袖子与衣身的分割可以很好解决腋下重叠的矛盾，又可以使设计更具情趣。

过肩与袖片相连的转折点（胸宽点、背宽点）应修正为光滑、圆顺的曲线。

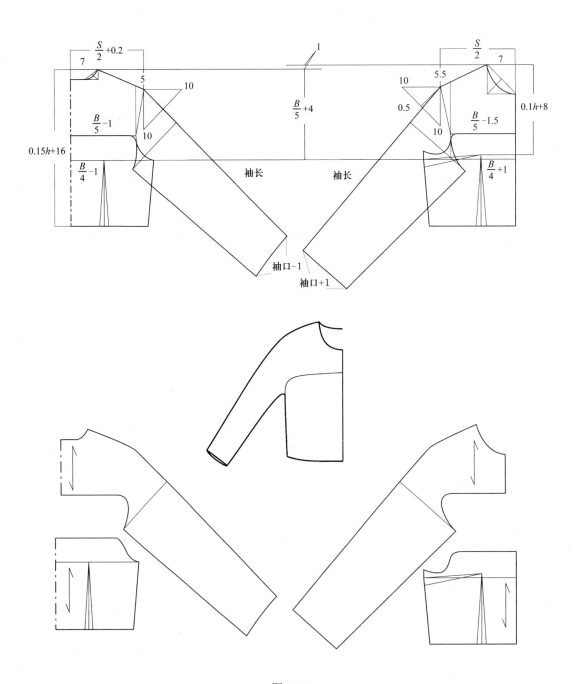

图2-38

例30. 筒式插肩袖外套（图2-39）

款式特点：宽松型，袖与过肩、腋下片连为一体，贴兜抽褶。

参考尺寸：

（单位：cm）

	L	B	S	袖长	袖口
净尺寸	55	86	40	27	17
放松量		+14			
成品尺寸	55	100	40	27	17

结构分析：

①宽松连袖设计，需要较深的袖窿，因此袖窿深调节量的值需适当加大。

②解决需要增加袖片分割线袖片与衣身腋下部分的重叠，袖子后片分割线的位置从背宽点开始，但要注意分割线与腋下点之间必须留足车缝量（至少2cm）。前片袖子与衣身腋下部分的问题较难解决，分割线从胸宽点开始无论如何都无法满足分割后的袖片与衣身腋下片的车缝量需求，因此，可以在衣身腋下部分另外设计分割线，保证结构的合理。

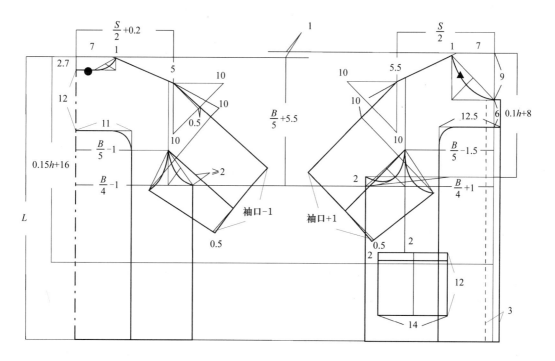

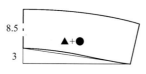

图2-39

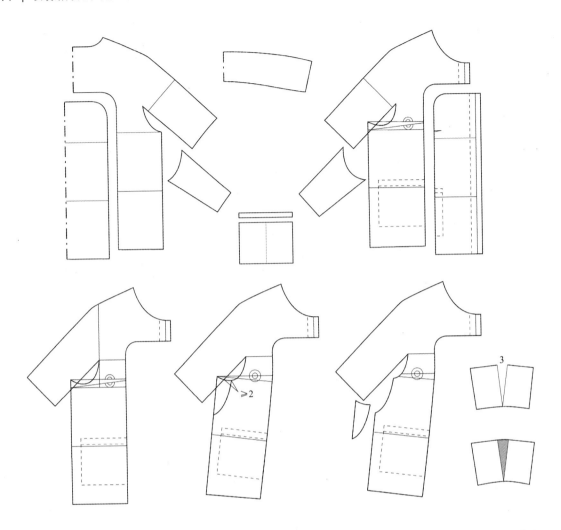

合并腋下省，衣身腋下与袖片的部分重叠使结构出现矛盾。将这个重叠量进行分割，但需留足至少2cm车缝量。在人体一般活动中，腋下分割不会露出，这也是连袖结构常使用的手法。

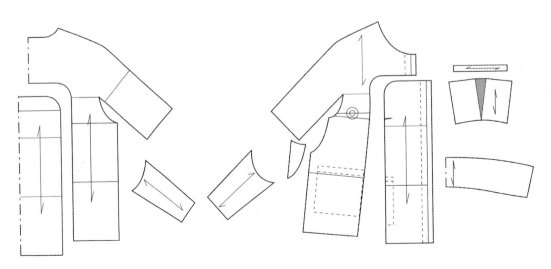

图2-39

例31．过肩式连袖外衣（图2-40）

款式特点：较宽松型筒式、对襟外套。连袖结构，衣身与袖片在胸宽点和背宽点以下部分连接，上面的重叠量利用过肩解决，其原理与腋下分割相同。前片设计纵向分割线，省与纵向分割线结合；分割线在口袋下转至侧缝。口袋设计为折叠式活褶，兜布固定在省道分割线中。

参考尺寸：

（单位：cm）

	L	B	H	S	袖长	袖口
净尺寸	70	86	92	40	55	13
放松量		+14	+12			
成品尺寸	70	100	104	40	55	13

结构分析：

①前片腋下省向纵向分割线转移，分割线在兜布下方转折至侧缝。

②袖片与衣身在肩部的分割（过肩）需要在腋下省转移之后才能确定。连袖结构仍按照常规进行设计。

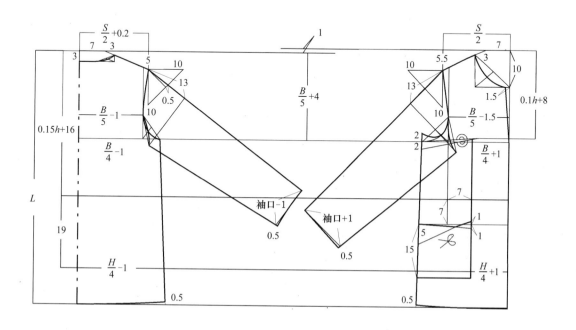

图2-40

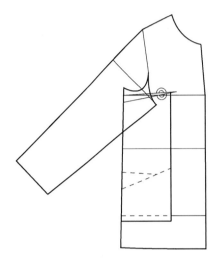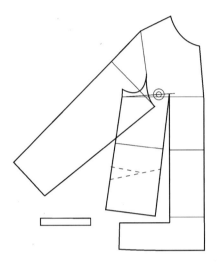

腋下省向分割线转移，但转移后的横向剪开线
会与衣身下摆重叠，因此可以分割出一个窄
条，使腋下片与下摆之间的距离≥2cm，以满
足车缝量需要，而这个裁条可以隐藏在口袋里
面，对服装没有影响。

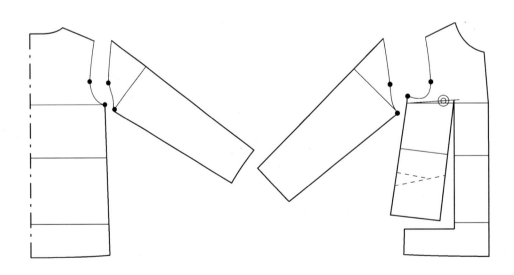

将袖子与衣身暂时分离，为确定过肩分割线做准备。

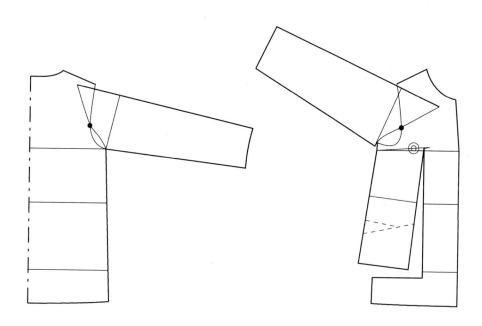

将袖片与衣身胸宽点（背宽点）相对合，同时腋下点或辅助线相对合。

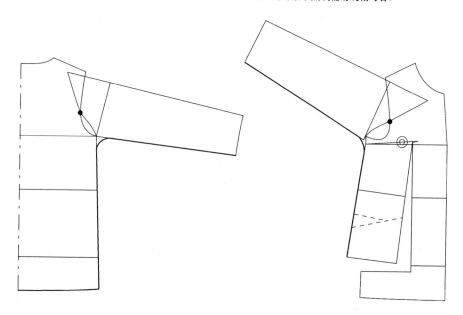

将腋下修正为光滑曲线。

图2-40

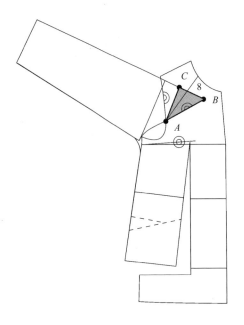

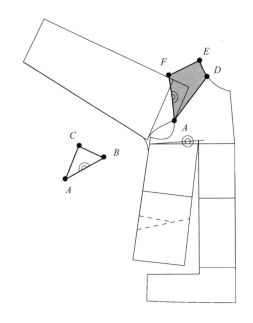

前片过肩结构设计：过肩必须以胸宽点A为
基础。设计袖子落肩量BC=8cm，将袖山三
角形的8cm部分ABC（阴影部分）取出。

过肩的宽度应视袖片与衣片的重叠情况而定，并
且两部分之间需保持2cm以上的车缝量，将衣身
过肩ADEF（阴影部分）取出。

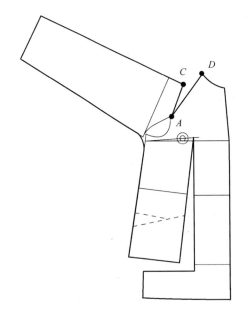

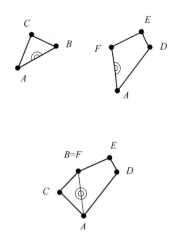

将取出袖山与衣身的两个阴影部分拼合，构成落肩式过肩，并将肩点附
近修正为光滑曲线。

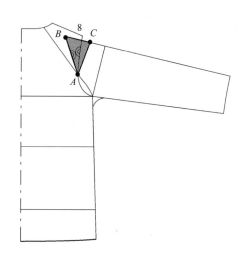 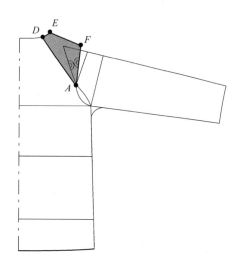

后片的过肩与落肩的设计与前片相同，袖山高 $BC=8cm$，得到三角形 ABC，成为袖片的落肩部分。

后片过肩部分受袖片的影响较小，所以过肩分割线以与前片相似的形式设计即可。

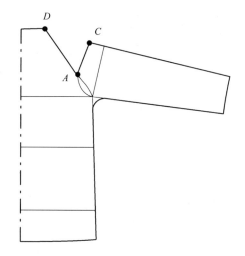 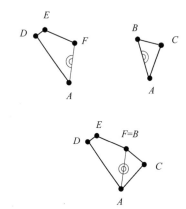

将分割出的两部分拼合，并将肩点附近修正为光滑曲线。

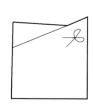 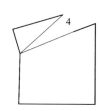 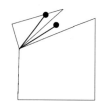  

兜口为对折式活褶，需要利用贴边固定。在褶位处剪开，旋转放出设计的褶量4cm。利用对称法修正褶的边缘线。

图2-40

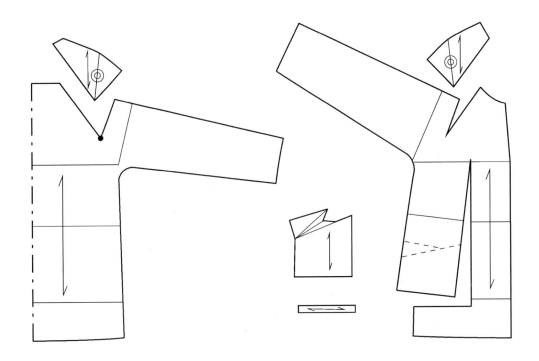

图2-40

课后思考题

1．根据每节内容，设计女上装款式，并进行结构分析、绘制结构图。

2．本章中较为复杂款式的结构分析，可以拓展读者的思维，更好地理解款式与结构之间的关系。

实操与应用——

衣、裙相连与衣、裤相连的结构设计实例分析

课程名称： 衣、裙相连与衣、裤相连的结构设计实例分析

课程内容： 女装衣身与半身裙相连或将衣身延长便构成连衣裙，女装衣身与裤子的结合即成为连衣裤。连衣裙与连衣裤的款式及结构有其特殊性，因此，对连衣裙和连衣裤的结构探讨可以结合女装衣身和下装的结构，对其特殊性也需要进行分析与讨论。

课程时间： 36课时

教学目的： 通过对连衣裙、连衣裤不同类型实例的结构进行探讨，可对女装结构设计有更深一步的理解。连衣裙、连衣裤的省与褶的结构原理与其他类型女装结构设计原理相似，应很好掌握共同点，并深刻理解独特之处。

教学方式： 理论篇的补充教材，实训练习。

教学要求： 1. 掌握连衣裙和连衣裤的断腰结构和直身结构对省转移、褶变换的限制和要求，将已经掌握的上装与下装的结构设计很好地利用到连衣裙和连衣裤的结构设计中。

2. 掌握连衣裤胸围、腰围、臀围之间的调节量分配，很好理解前片、后片之间的协调关系。

第三章 衣、裙相连与衣、裤相连的结构设计实例分析

此处的"衣"指的是女装腰节以上的结构，"裙"是指半身裙的结构，衣、裙相连即为连衣裙。同理，衣、裤相连则得到连衣裤。不论是连衣裙还是连衣裤，其结构基础是腰节以上部分的衣身与下装相结合。

第一节　连衣裙结构设计实例分析

衣、裙相连可分为直身式和断腰式两类。直身式连衣裙可以在衣身的基础上，从腰节向下继续延长，直达裙摆。而断腰结构则是在腰节附近有横向分割线，也就是将衣身与半身裙结合，形成衣裙相连的结构形式。对于高腰或低腰的连衣裙，应分析具体情况确定它们的结构制图方式。直身与断腰两种形式在结构上的主要区别是：直身式连衣裙的腰省为菱形结构，在进行省转移时会受到许多限制；断腰式连衣裙在腰节处的分割线将腰省分割线为上、下两个三角形，为腰省转移提供了很好的条件，同时在腰节处还可对衣身与裙片进行适当调整，使之更合体。

一、连衣裙省转移与分割线的实例分析

连衣裙款式中的分割线设计非常丰富，结构设计重点是分割线与基础省之间的关系。从审美角度上讲，设计要美观、大方、时尚；在结构理论上也必须符合结构设计的要求与体现人体的优点、掩盖缺点，这样才可使款式、结构、工艺达到完美的结合。

连衣裙面积大，对于分割线的设计有更好的条件，但在结构设计上却更复杂，需要同时考虑的内容很多。有些看起来并不复杂的分割线，在结构设计时却是一件较为困难或难以理解的事，因此，对不同款式连衣裙进行结构分析，成为积累理论知识和实践经验的关键。

例1. 腋下拼接的直身式连衣裙（图3-1）

款式特点：合体型，腋下省、腰省与分割线结合。

参考尺寸：

（单位：cm）

	L	B	W	H	S	胸宽	背宽
净尺寸	90	86	68	92	39	33	34
放松量		+6	+6	+8			
成品尺寸	90	92	74	100	39	33	34

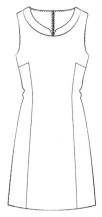

结构分析：

有背缝并收省的结构需要注意：后片背宽、胸围、腰围等基础

线应该从背缝测量，以保证围度不变。前片设计腰省2.5cm，后片腰省的总省量是背缝省

1.5cm与腰围公式中的省量1.5cm的总和3cm，较前片腰省多0.5cm，在允许范围之内。

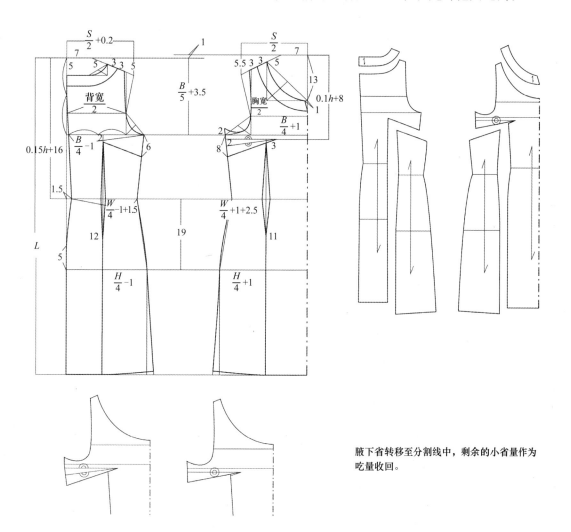

腋下省转移至分割线中，剩余的小省量作为
吃量收回。

图3-1

例2．连体立领露背连衣裙（图3-2）

款式特点：合体型，连体立领，断腰、收摆裙。腰部多重横向分割成为设计重点，后片露背设计是的典型小礼服。

参考尺寸：

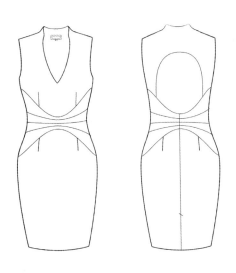

（单位：cm）

	L	B	W	H	S	胸宽	背宽
净尺寸	95	86	68	92	39	33	34
放松量		+6	+6	+6			
产品尺寸	95	92	74	98	39	33	34

结构分析：

① 连体立领的领窝加宽1cm，领高2cm，领口侧点的倾斜不超过颈侧的7°线即可。

② 腰节附近五条分割线的设计可以突出腰身，成为款式设计的重点。这些分割线在侧缝需要完全对合。断腰式结构衣身与裙片需在腰节处调整，这样可使结构更符合人体廓形需求。

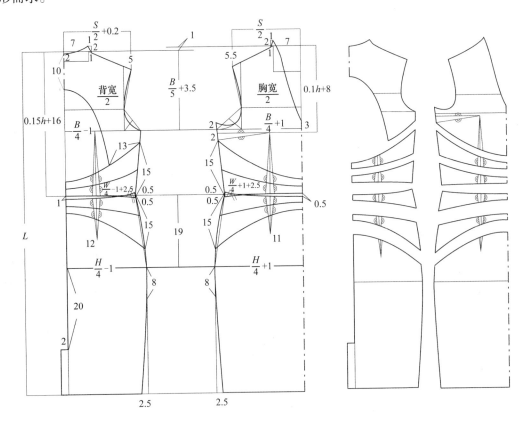

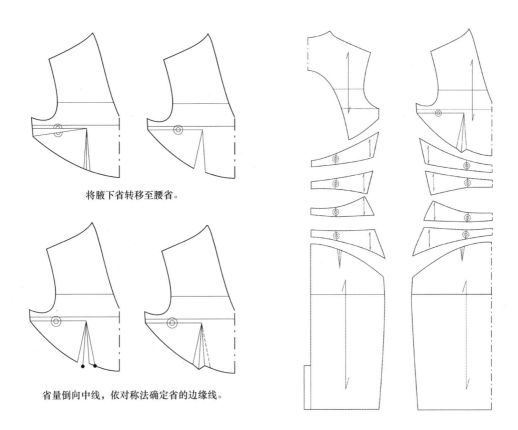

将腋下省转移至腰省。

省量倒向中线，依对称法确定省的边缘线。

图3-2

例3. 双排扣吊带裙（图3-3）

款式特点：较合体型，双排扣，腋下片为断腰结构链。斜插兜设计装饰褶。可以使用小格面料，格子在不同裁片的直纱与斜纱之间构成设计重点。

参考尺寸：

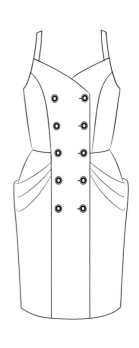

（单位：cm）

	L	B	W	H	S	胸宽	背宽
净尺寸	95	86	68	92	39	33	34
放松量		+8	+8	+8			
产品尺寸	95	94	76	100	39	33	34

结构分析：

① 腋下片断腰、中片为直身的综合性结构连衣裙，断腰部分的腰侧点需要增加起翘量，使之更符合人体。

② 3cm宽的吊带肩线需要缝合，因此不需考虑它们与肩斜线的夹角问题。大领口的领深至胸宽线，因此需要在领口设计适当省量，以保持领口的对胸部的包合。

③ 兜口的倾斜应根据款式设计确定。斜插兜的兜布是将侧片腰节以下部分延长得到，兜上设计两个横向顺褶，兜口的松弛设计，需要增加3cm放松量。

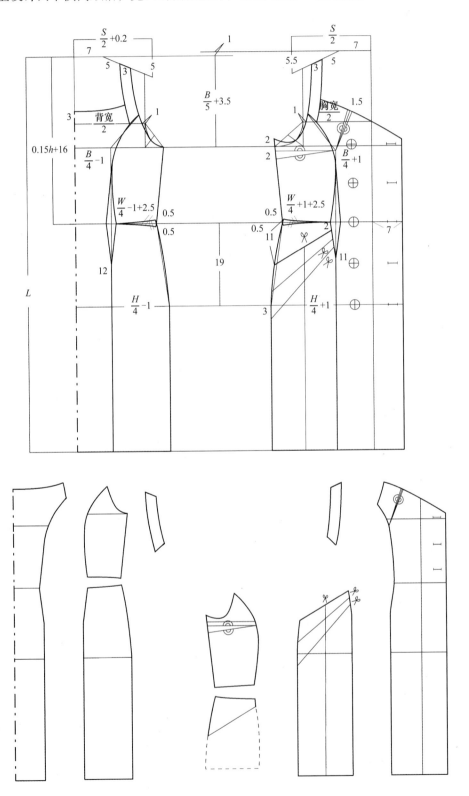

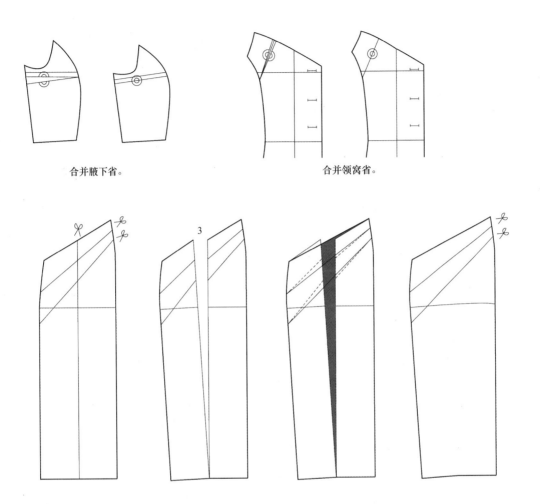

合并腋下省。　　　　　　　　　　　　　合并领窝省。

放出兜口的松弛量：兜口与下摆的中点连线构成放褶的剪开线，旋转放出兜口的松弛量3cm，并用直线修正兜口及褶的剪开线，兜口贴边与兜布连为一体。

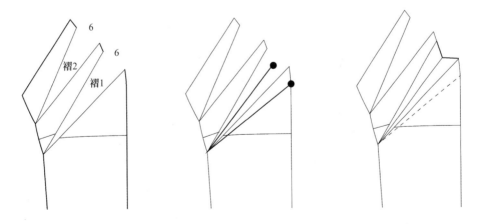

兜口褶的放出：设计褶大3cm，褶量=3×2=6cm。沿褶的剪开线旋转放出褶量，并按照褶的折叠方向，用对称法修正褶的边缘线。首先确定褶1的边缘线。

图3-3

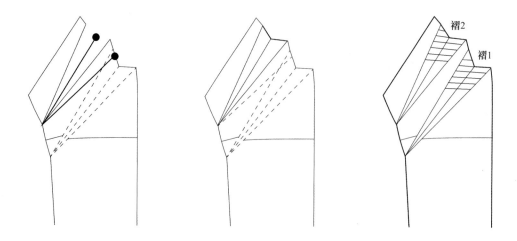

同理，依对称法修正褶2的边缘线。由于褶量较大，两条褶的边缘线有小部分重叠，在修正褶2时，不受褶1的影响即可。

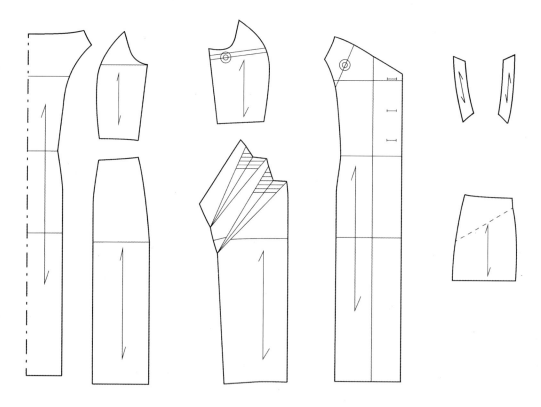

图3-3

例4. 八片拖摆抹胸礼服（图3-4）

款式特点：合体型，抹胸款式，八片身、鱼尾式结构，后片拖摆。

参考尺寸：

（单位：cm）

	L	B	W	H	S	胸宽	背宽
净尺寸	140	88	68	92	39	33	34
放松量		+2	+2	+4			
成品尺寸	140	90	70	96	39	33	34

结构分析：

①衣长的确定：衣长按照穿着高跟鞋时的脚面位置为标准长度。如果前片超过脚面，在走路时可能踩到裙片而造成

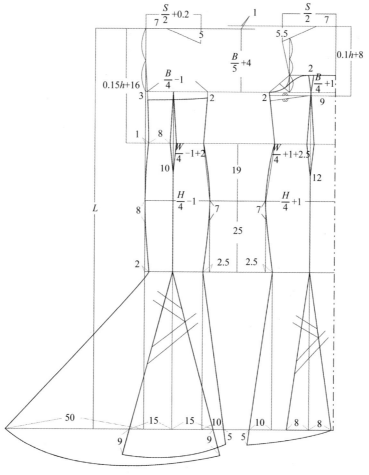

图3-4

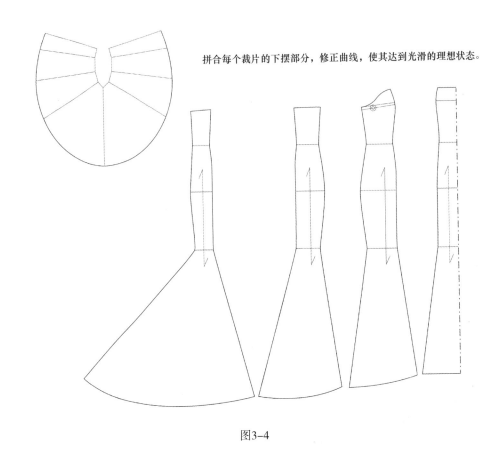

拼合每个裁片的下摆部分，修正曲线，使其达到光滑的理想状态。

图3-4

尴尬。后摆的长度可以按照需要设计，一般礼服的后中心摆长增加50cm左右即可，当然也可以根据需要增加后摆的长度，其结构原理相同。

②胸围净尺寸的确定：人体胸围净尺寸86cm，但为使礼服胸部曲线优美，可增加胸垫使胸围达到88cm，成为结构设计时胸围的净尺寸。

③前后领口：前片低胸位置确定在胸宽点处，恰在胸部的上缘，并设计2~2.5cm省量。背部的边缘可以适当降低3cm，如果降低量过大，内衣有可能露出。

④腰省的设置：后片设计背缝，背缝的起点在标准上平线至袖窿深的中点处，收腰量1cm。腰省量为2cm，这样后片总收腰量为3cm，与前片省量2.5cm之间的差量为0.5cm，在允许范围内。

⑤胸部省道的设计：胸部纵向分割线所在位置的省道应按照人体侧面胸部曲线设计，以达到最理想的胸部曲线造型。

⑥收摆与纵向分割线：人体臀围以下收摆位置在大腿的$\frac{2}{3}$处，即臀围到膝盖的$\frac{2}{3}$的位置（多数人约在臀围线下25~30cm之间），侧缝收量可以使女性X曲线更明显，前片腹部以下的分割线不可收摆，可以保持腹部平坦。后中线在腰节收回一定省量，在臀围处放出，在收摆部位收回2cm，可以突出臀部曲线（图3-5）。

⑦放摆：前片摆量不应太大，可以使后摆的造型和曲线更加突出。各条纵向分割线的

长度从前至后逐步加长，放摆量也逐步加大，形成所设计的造型。但在结构设计时需要将各裁片对合检验、修正下摆曲线，以达到光滑、圆顺。

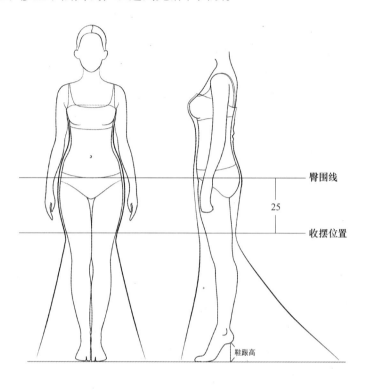

臀围线

25

收摆位置

鞋跟高

图3-5

例5. 过肩公主线连衣裙（图3-6）

款式特点：合体型，过肩、公主线，胸片设计V形异位省，有背缝并收腰，以突显腰身。

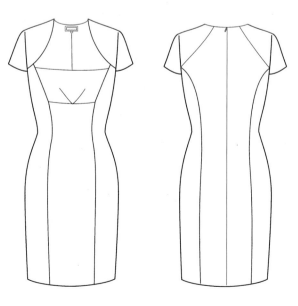

参考尺寸：

（单位：cm）

	L	B	W	H	S	袖长
净尺寸	95	86	68	92	39	15
放松量		+6	+6	+6		
成品尺寸	95	92	74	98	39	15

结构分析：

① 胸片的分割需要照顾到人体胸部的范围，在胸部的上、下以及侧面分割线距胸点需要符合胸部的大小。

② 低胸款式需在领口处增加省量，以保证领口在胸部上缘的围合。

③ 前片纵向分割线与基础腰省位置不同，但距离较近，因此，可以将裙片的腰省向分割线平移，成为省与分割线结合的形式。

④ 后片设计背缝，公主线应适当向侧移动，使纵向分割出的裁片宽窄较为均匀。腰省与背缝省之和为3cm，与前片腰省之差在允许范围之内。

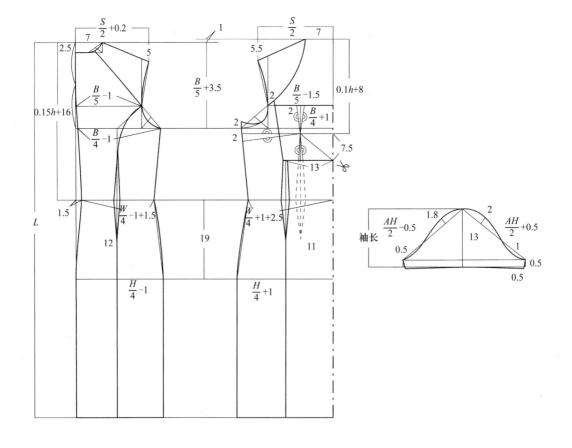

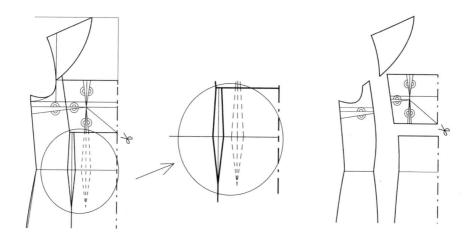

基础腰省在胸点以下，省的最大量位于腰节，呈菱形。胸片将腰省分割为上下两部分，下部分腰省平移至纵向分割线处，可以使设计更为简练、重点突出。在平移省时应注意保持省量、省的长度不变，胸片上的省与其他省一起转移至异位省处。

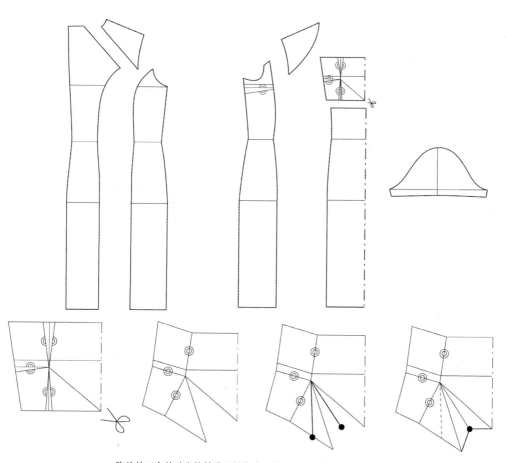

胸片的三个基础省均转移至异位省，利用对称法修正省的边缘线。

图3-6

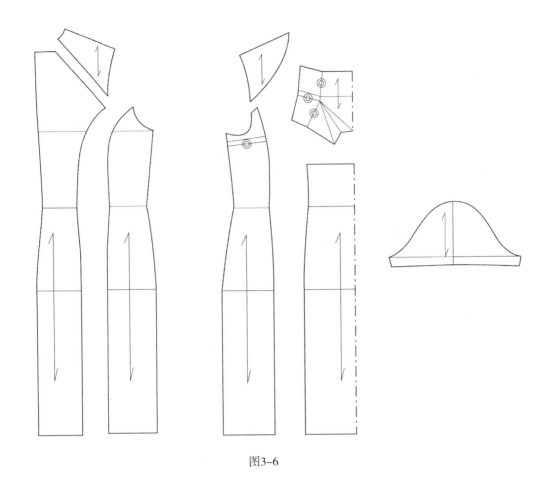

图3-6

例6．V字形异位省连衣裙（图3-7）

款式特点：较合体型，落肩袖，V字形异位省。

参考尺寸：

（单位：cm）

	L	B	W	H	S	胸宽	背宽
净尺寸	100	86	68	92	39	33	34
放松量		+8	+8	+8			
产品尺寸	100	94	76	100	39	33	34

结构分析：

①腰节以上5cm处进行分割，形成高腰结构。前片利用分割线补充1cm胸高量。V字省虽然看似不对称，但实际为两

条对称的、相互交叉的省，分别通向两个胸点，腋下省、腰省均向此异位省转移，形成特殊效果。

② 直接将肩线延长5cm的小连袖，这样的袖型穿着后会参起，具有特殊效果。袖口线起点在腋下辅助线的交点处，与袖中线垂直。

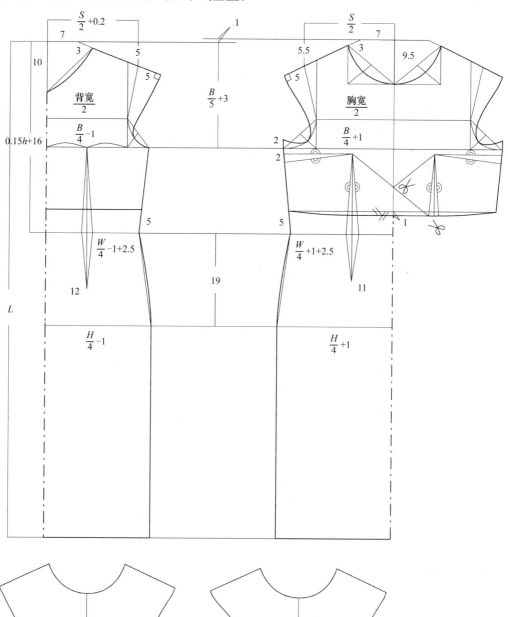

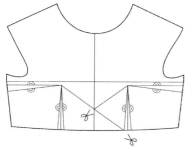
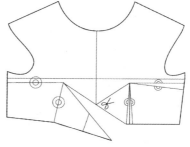

沿长省道剪开，将右侧腋下省、腰省向此异位省转移。

图3-7

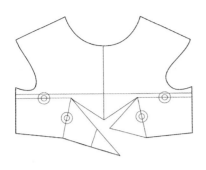 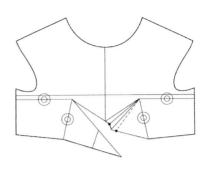

再将左侧腋下省、腰省向短异位省转移，
两条异位省转移的方式相同，但由于两条
省之间存在先后关系，省转移时必须按照
顺序进行。

较短的省需要按照省的倒向修正边缘线；
长省不能直接折叠省量，而应该将多余量
裁剪，成为分割线形式。

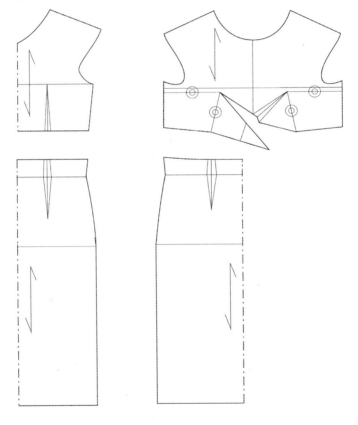

图3-7

例7. 异形分割线连袖裙（图3-8）

款式特点：较合体型，过肩式连袖结构，背缝装拉链。前片胸至腰间设计有U型结构的分割线，有阔胸收腰的作用；基础省与分割线结合，腰节以下剩余小省转移为异位省。腋下重叠部分的结构较为复杂，应该清楚每一条线的结构要领以及不同线段之间的关系。

参考尺寸：

（单位：cm）

	L	B	W	H	S	袖长	袖口
净尺寸	100	86	68	92	39	55	12
放松量		+8	+8	+10			
产品尺寸	100	94	76	102	39	55	12

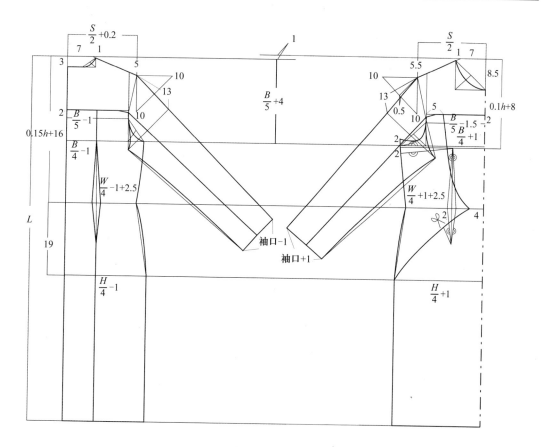

图3-8

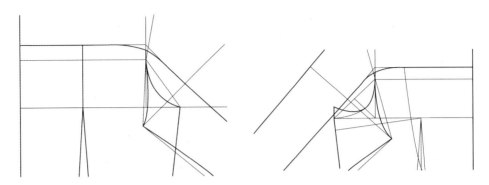

在结构设计时，需要注意胸宽点、背宽点至腋下点之间的各条线段的等量关系。

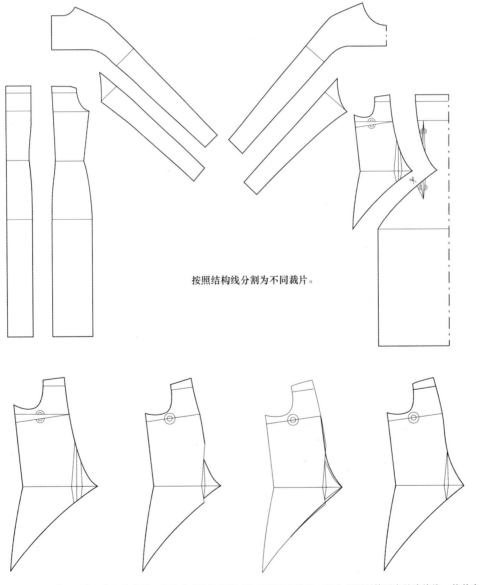

按照结构线分割为不同裁片。

合并腋下省。腰省只能部分合并，合并省后的分割线成为不规则的线段。以中点原则修正省的边缘线，使其光滑。

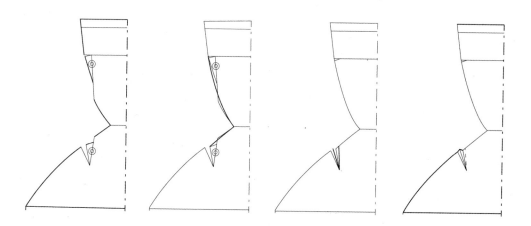

腰节以上腰省合并，
其量转移至腋下省剩
余部分中，车缝时吃
进。下部分腰省转移
到新的位置。

利用中点原则，将省
转移后所得到的崎岖
边缘线修正至光滑。

利用对称法修正省的边缘线。

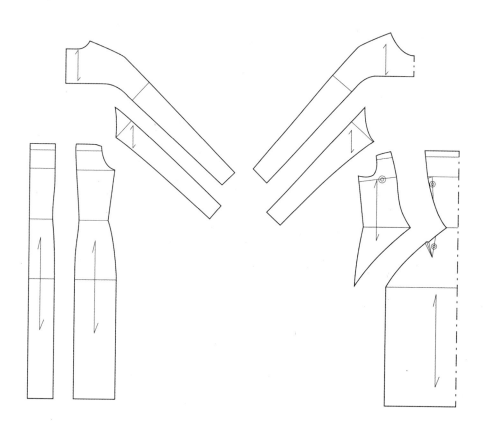

图3-8

二、连衣裙褶的结构实例分析

例8. 错层褶连衣裙（图3-9）

款式特点：合体型，胸前设计三条错层顺褶，断腰结构。

参考尺寸：

（单位：cm）

	L	B	W	H	S	胸宽	背宽
净尺寸	90	86	68	92	39	33	34
放松量		+6	+6	+6			
产品尺寸	90	92	74	98	39	33	34

结构分析：

①断腰结构的衣身与裙片在腰侧点、中点均需增加调整量。衣身部分平行于腰口曲线分离出腰带结构，腰带部分的省合并，使款式简练。

②胸前三条错层顺褶中，左、右两个褶分别指向两个胸点，中间的褶为剪开放褶的形式。

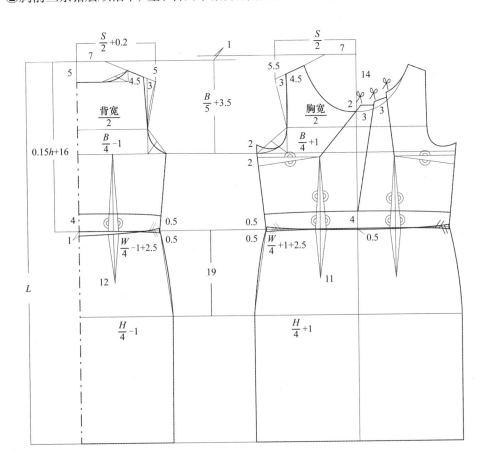

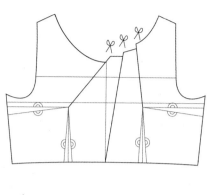

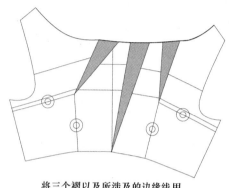

左右腋下省、腰省分别向两个褶转移。

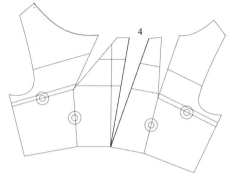

中间的剪开线旋转放出4cm褶量。

将三个褶以及所涉及的边缘线用
中点原则光滑连接。

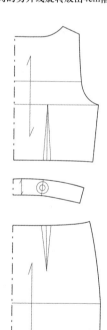

图3-9

例9. 三节褶裙（图3-10）

款式特点：合体型三节长裙，胸部上下缘抽松紧，插肩式抽褶袖。

参考尺寸：

（单位：cm）

	L	B	W	H	S	胸宽	背宽
净尺寸	120	86	68	92	39	33	34
放松量		+4	+4	+24			
产品尺寸	120	90	72	116	39	33	34

结构分析：

①胸部抽褶后为合体型，因此放松量按照合体型放出，增加的褶量在抽褶后回到原来的设计宽松度。

②裙片三节的宽度可以按照不同比例进行设计，放褶的原理相同。插肩袖按照基础结构设计，另加放褶量。

③裙片的三段结构需要放出大量褶，因此，只要直线形结构线即可，放褶后按照需要修正相应线段。

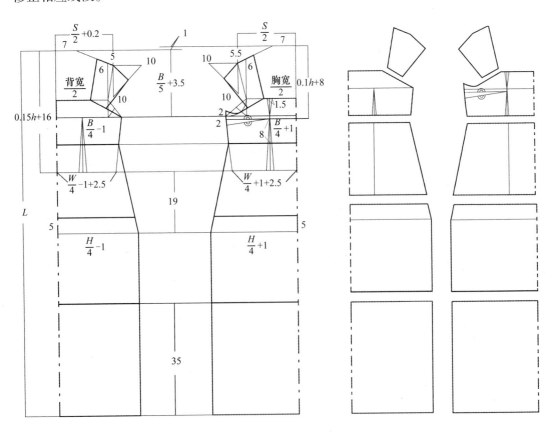

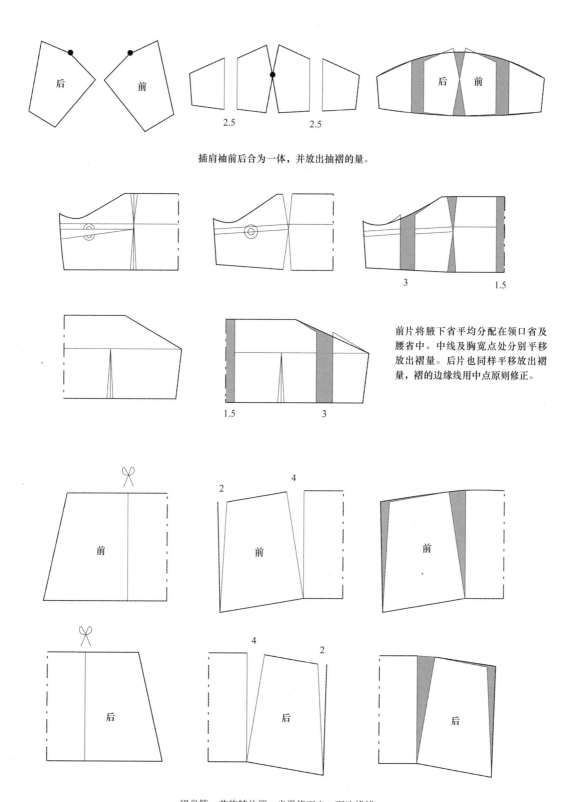

插肩袖前后合为一体，并放出抽褶的量。

前片将腋下省平均分配在领口省及腰省中。中线及胸宽点处分别平移放出褶量。后片也同样平移放出褶量，褶的边缘线用中点原则修正。

裙身第一节旋转放褶，光滑修正上、下边缘线。

图3-10

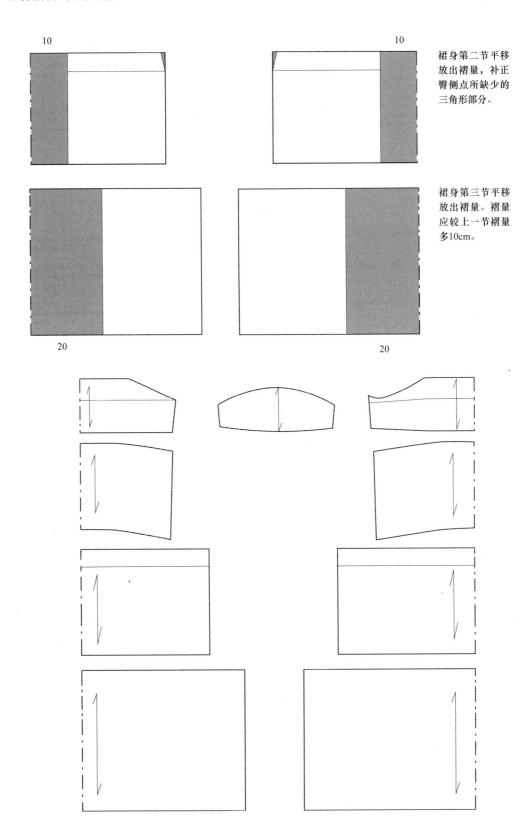

裙身第二节平移放出褶量，补正臀侧点所缺少的三角形部分。

裙身第三节平移放出褶量。褶量应较上一节褶量多10cm。

图3-10

例10. 茧型吊带裙（图3-11）

款式特点：宽松茧型裙。抽带式吊带，下摆收小，廓型独特。

参考尺寸：

（单位：cm）

	L	B	H	S	胸宽	背宽	下口
净尺寸	90	86	92	39	33	34	96
放松量		+16	+24				
产品尺寸	90	102	116	39	33	34	96

结构分析：

①宽松型款式前后调节量减小至0.5cm。以胸围、臀围的值确定侧缝，在此基础上再进行修正至所需的廓形。

②前片袖窿及领窝均设计省量，使胸部围合较为紧密，避免穿着时的尴尬。省量转移至领窝，转化为褶，抽带收回。

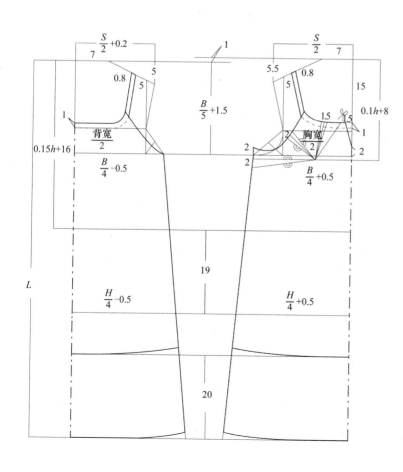

省转化为褶时，应考虑褶的均匀分布，因此，袖窿省、腋下省分别转移至领窝省和剪开线处。

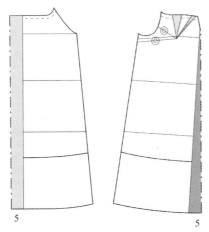
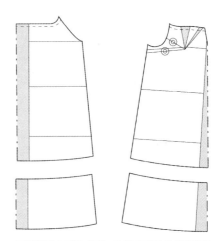

前片旋转追加5cm摆量；后片领口所需褶量与下摆增加量相同，因此平移放出所需褶量。

下摆部分与裙片分离，为减小下口的量做准备。

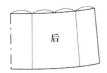

下摆部分的下口需收小至设计的尺寸。设计两条剪开线，其位置应该保证中心线展开及侧缝合并后的等量。

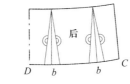
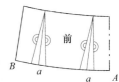

前片下摆收量$=AB-\left(\dfrac{下口}{4}+围度调节量0.5\right)$，设计下口=96，需收回的量$=AB-24.5$，这个量分别在两条剪开线处收回，每处收回量$a=\dfrac{AB-24.5}{2}$。后片下摆收回量同理计算。

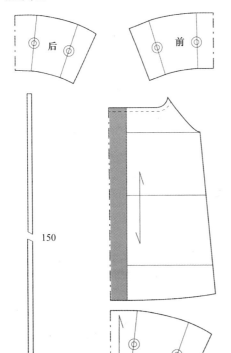
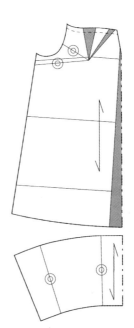

图3-11

例11. 后荡领连衣裙（图3-12）

款式特点：合体型，U字形分割线有收腰的视觉效果。前片腰节以下设计单向褶。后领口为荡褶。

参考尺寸：

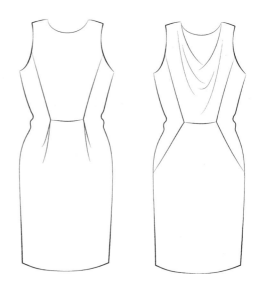

（单位：cm）

	L	B	W	H	S	胸宽	背宽
净尺寸	95	86	68	92	39	33	34
放松量		+6	+6	+6			
产品尺寸	95	92	74	98	39	33	34

结构分析：

① 不论款式的细部如何，首先按照基础结构图绘制基础线，再确定款式细部的内容。本款式的分割线在基础省的位置上确定，基础省与分割线结合，成为斜向省。分割线中的斜向省致使两条省道的长度不同，因此需要对省道所在的纸样进行修正。前片腰节以下的省转化为褶的一部分。

② 后领结构设计：首先确定基础领口，放褶时要保证领口长度、位置不变。

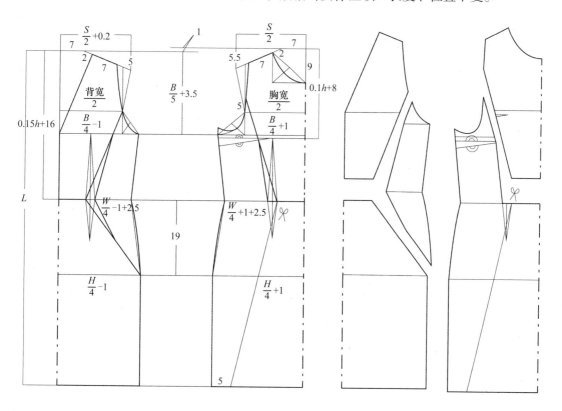

图3-12

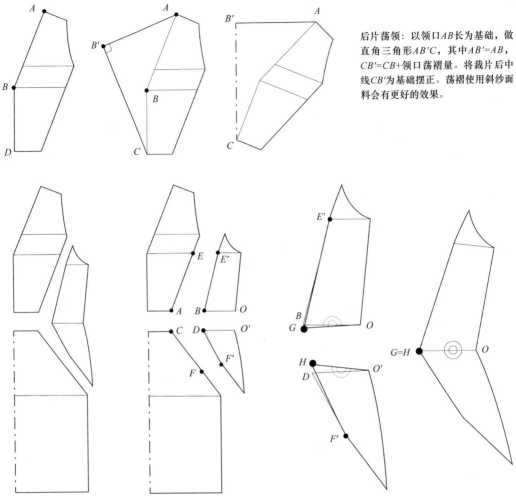

后片荡领：以领口AB长为基础，做直角三角形AB'C，其中AB'=AB，CB'=CB+领口荡褶量。将裁片后中线CB'为基础摆正。荡褶使用斜纱面料会有更好的效果。

后片分割线的修正：对较短的腋下片省道进行修正。将侧片在腰节线分为上、下两部分，确定对应点。

腰节以上部分加长分割线，使E'G=EA，但要保持腰节线的长度不变。同样，修正腰节以下部分的长度，使F'H=FC。

将修正后的上、下两部分纸样拼合为一个整体，即完成后腋下片的修正。

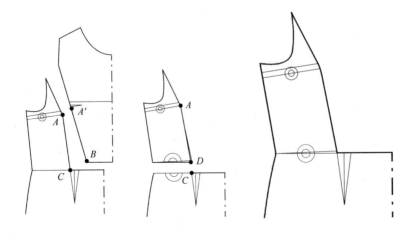

前片分割线调整：为使分割线AC与A'B长度相等，将侧片沿腰节线分为上、下两部分，调整腋下片的长度，使AD=A'B，且保持腰节线的长度不变。将修正后的两部分纸样拼接为一体。

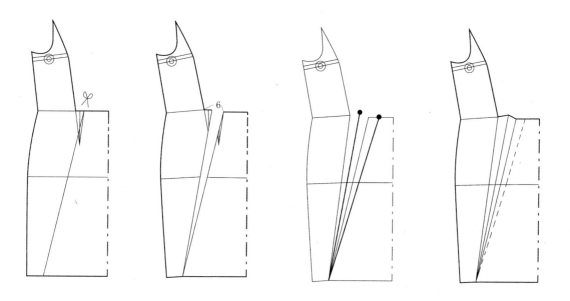

前片腰节以下部分放褶：款式所设计的褶量为6cm，其中包括基础腰省2.5cm。按照款式设计，褶量倒向中线方向，依对称法修正褶的边缘线。

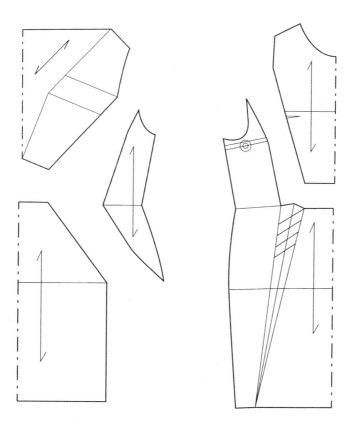

图3-12

例12. 半褶礼服裙（图3-13）

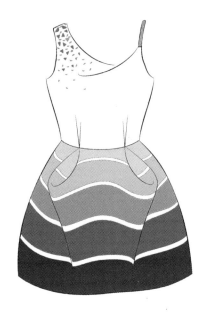

款式特点：合体型，不对称肩带，胸前的半褶成为设计重点。裙片一对儿立体褶使裙蓬起，应使用较厚实、挺硬的面料，以保证立体褶的外形。裙片可以使用横条纹，立体褶的转折可使条纹变换更加有趣。

参考尺寸：

（单位：cm）

	L	B	W	H	S	胸宽	背宽
净尺寸	90	86	68	92	39	32	33
放松量		+4	+4	+20			
产品尺寸	90	90	72	112	39	32	33

结构分析：

①断腰结构，衣身与裙片分开制图。前胸的内翻褶需要较大的褶量才有好的效果，此处设计褶大为7cm。在基础结构图中需要将褶的形式绘制出来，为放褶做准备。

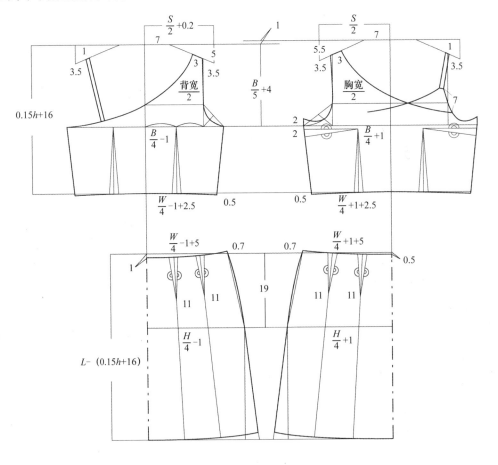

②细吊带应保证前、后与肩线的夹角互补，使之成为一条完整的带子。

③裙片臀围的放松量大，由半身裙总腰省 $\frac{H}{4}-\frac{W}{4}=10$，$10 \times \frac{1}{2} \leqslant 省量 \leqslant 10 \times \frac{2}{3}$，得到 $5 \leqslant 省量 \leqslant 6.7$，取腰省值为5cm。虽然衣身与裙片的腰省取值不同，但将省收回后，所得到腰围的净值相同。

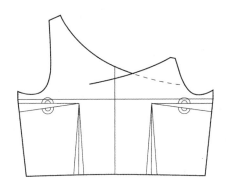

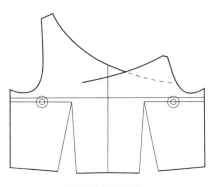

腋下省向腰省转移。

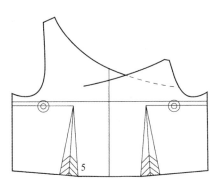

腰省以对褶的形式表现，但需车缝固定5cm，形成半活褶的形式。

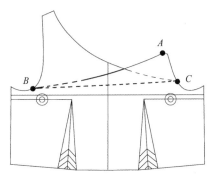

半褶结构设计：连接半褶的各点，成为放褶的基础。

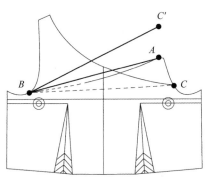

外褶AB的曲线设计实为直线，在重力的作用下弯曲而成，因此在半褶的结构设计前，需要连接直线AB。BC'与BC是一对儿关于AB的对称线。

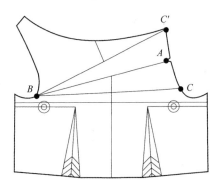

将右片肩部BC以上部分旋转至BC'处，C与C'之间即形成一个大褶量。

图3-13

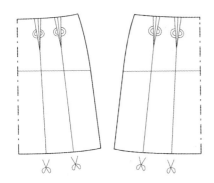
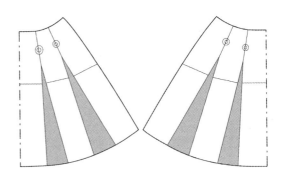

裙片腰省向下摆转移，加大下摆的摆量。

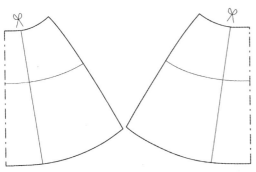

立体褶结构设计：在款式立体褶的位置设计剪开线。

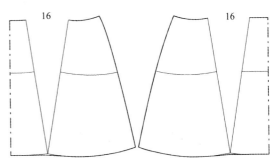

旋转放出立体褶的褶量16cm，并将下摆旋转点附近的曲线光滑修正。

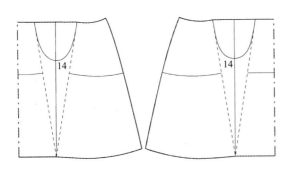

确定立体褶的褶位，褶的长度设计为14cm。立体褶呈曲线状，褶线也需要绘制为曲线形式。

立体褶制作工艺：按照立体褶的设计熨烫定型，但在熨烫时不要将面料压死，用蒸汽熏烫成型即可。内褶部分需要以立体形式与里子固定。为保证立体褶的效果，可以在褶的附近粘衬。

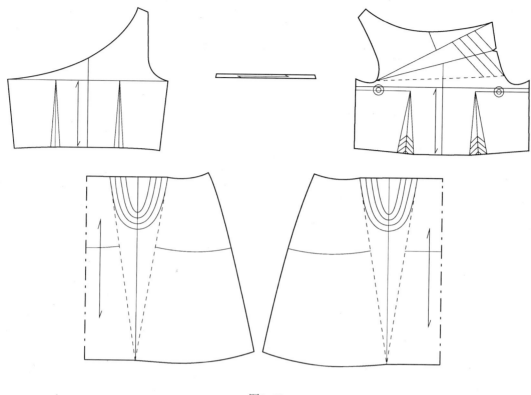

图3-13

三、连衣裙袖的结构实例分析

例13. 披风式连衣裙（图3-14）

款式特点：较合体型，直身裙与披风相连，在袖山部分形成特殊结构。

参考尺寸：

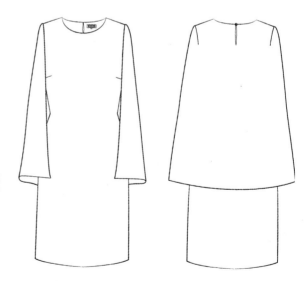

（单位：cm）

	L_1	L_2	B	H	S	双手抱合围度
净尺寸	90	67	86	92	39	138
放松量			+8	+10		
产品尺寸	90	67	92	100	39	138

结构分析：

①裙身为松身结构，无腰省，侧缝略收腰，腋下省的长度修正至胸宽线2cm处。

②披风需要依衣身结构制图，披风侧缝应按照双手合抱所需角度确定。将一片袖的前、后片分别与衣身相连，构成制图的基础。

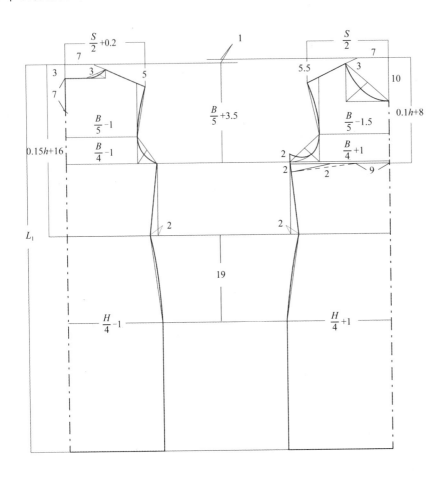

领窝较小，需要在后中线留7cm开口，使套头穿着方便。开口内外两层缝合，领口装扣襻、钉珠扣固定。

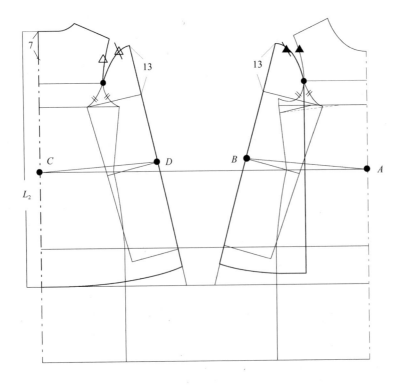

披风结构：绘制披风的基础是衣身与基础一片袖。确定衣片胸宽点与袖山的对合点（该点以下袖笼曲线与袖山曲线长度相等），该点以上曲线的长 ▲ - ▲ =袖山吃量。$AB=\dfrac{双手抱合围度}{4}+1=35.5$，将袖片的位置固定；所确定的袖中线即为披风的侧缝。前片披风的宽度只到胸宽点。后片披风绘制原理同前片。袖片与衣身除袖山处有三角形空挡外，袖片与披风后片成为一个整体。

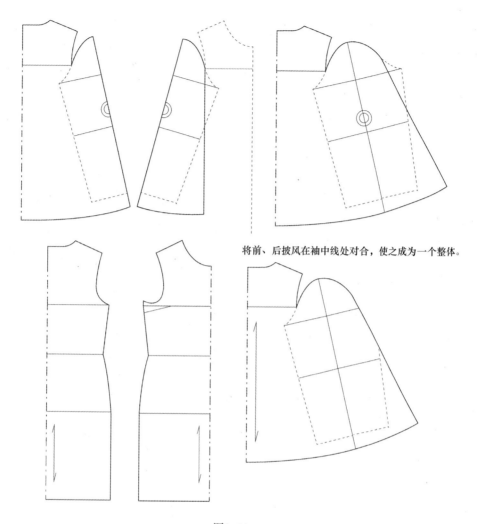

将前、后披风在袖中线处对合，使之成为一个整体。

图3-14

例14.插肩袖对褶连衣裙（图3-15）

款式特点：较宽松型小A裙。插肩袖肩部设计对褶，与前领口的对褶构成一个协调的整体。

参考尺寸：

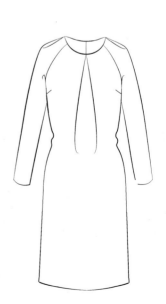

（单位：cm）

	L	B	H	S	袖长	袖口
净尺寸	100	86	92	39	55	12.5
放松量		+12	+12			
产品尺寸	100	98	104	39	55	12.5

结构分析：

①松身款式，只在腰侧略收腰，显出腰形。

②较为宽松的袖型，因此，插肩袖的袖倾角取值较大。

③前身对褶按照款式图确定剪开线。后中线装拉链。

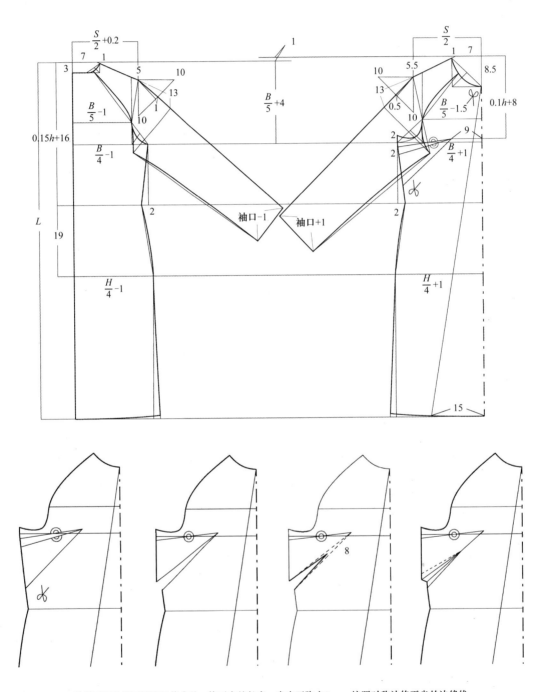

将腋下省转移至侧缝异位省处。修正省的长度，省尖至胸点8cm。按照对称法修正省的边缘线。

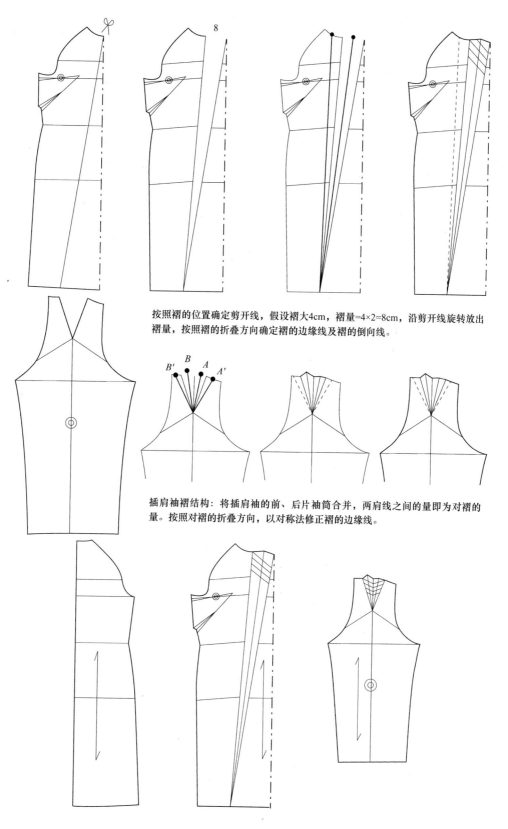

按照褶的位置确定剪开线，假设褶大4cm，褶量=4×2=8cm，沿剪开线旋转放出褶量，按照褶的折叠方向确定褶的边缘线及褶的倒向线。

插肩袖褶结构：将插肩袖的前、后片袖筒合并，两肩线之间的量即为对褶的量。按照对褶的折叠方向，以对称法修正褶的边缘线。

图3-15

第二节　大衣、风衣结构设计实例分析

　　大衣与风衣在结构上同连衣裙一样，可以分为断腰结构和直身结构两大类，并且在结构上它们的原理相同。两者区别只有后片肩宽的适当调整以及外衣常使用兜。大衣和风衣在结构上没有大的区别，只是在款式上有一些特定的传统款式，如复肩风衣。

一、省转移与分割线结构实例分析

　　例15. 落肩袖大衣（图3-16）

　　款式特点：宽松型、无领、落肩袖、筒型结构，前片设计三角形分割线，并做夹缝兜。

　　参考尺寸：

（单位：cm）

	L	B	H	S	袖长	袖口
净尺寸	85	86	92	40	55	13.5
放松量		+28	+20			
产品尺寸	85	114	112	40	55	13.5

　　结构分析：

　　①款式宽松、随意，可以不设计腋下省。前后片围度没有调节量。

　　②在衣身的基础上绘制袖片。宽松款式，袖倾角较大。基础袖山13cm，袖长55cm，均从衣身肩点测量。

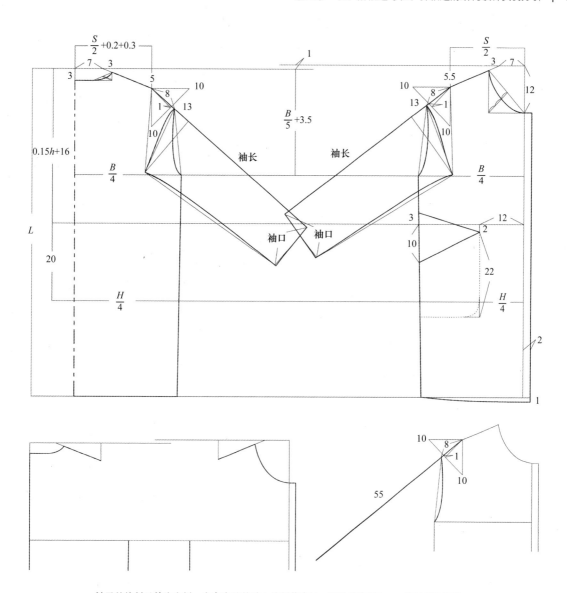

袖子的绘制以前片为例：在衣身的基础上绘制落肩袖，设计落肩量8cm，绘制衣身袖窿。

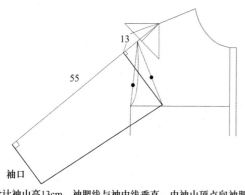

设计袖山高13cm，袖肥线与袖中线垂直，由袖山顶点向袖肥线做斜线，其长与袖窿斜线相等，得到袖肥。

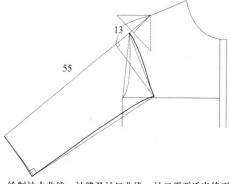

绘制袖山曲线、袖缝及袖口曲线，袖口需要适当修正，使其与袖缝垂直。

图3-16

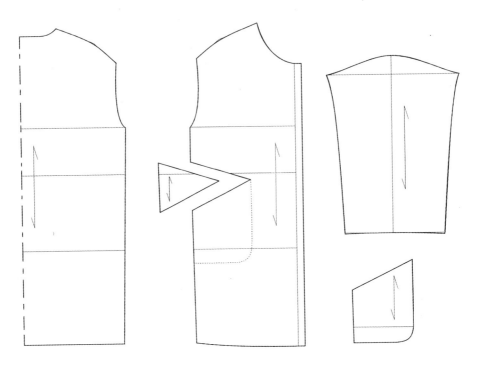

图3-16

例16. 分割线大衣（图3-17）

款式特点：较宽松型，无领、对襟、筒型结构，斜向分割线夹缝装插兜。袖子是在肘部纵向分割的合体袖型。

参考尺寸：

（单位：cm）

	L	B	H	S	袖长	袖口
净尺寸	90	86	92	40	54	13.5
放松量		+16	+14			
产品尺寸	90	102	106	40	54	13.5

结构分析：

①直筒式结构不需腰围尺寸，连接胸围与臀围的值得到侧缝。

②前片斜向分割线的确定需要综合起点位置、胸点、兜位等因素，与胸点的位置关系可以适当调整。

③有袖中线前倾量的合体一片袖，在袖肘附近进行纵向分割，得到较为合体的两片袖。

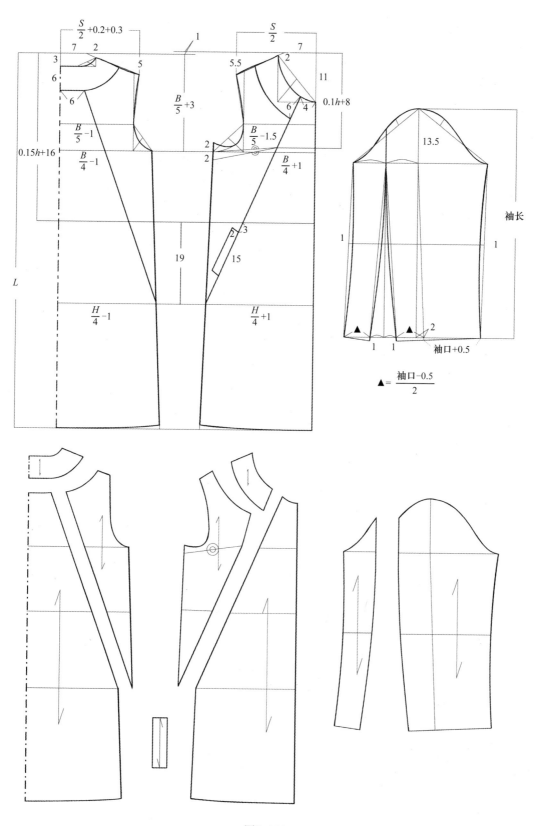

图3-17

例17．立领断腰大衣（图3-18）

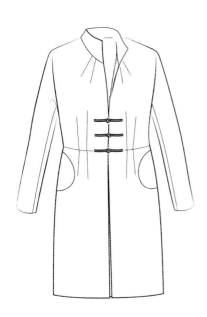

款式特点：较合体型，立领、对襟、断腰结构，曲线形插兜。

参考尺寸：

（单位：cm）

	L	B	W	H	S	袖长	袖口
净尺寸	90	86	70	92	40	54	13
放松量		+8	+8	+8			
产品尺寸	90	94	78	100	40	54	13

结构分析：

①断腰结构需要在腰节处对衣片进行修正。

②双省道关于胸点对称，2.5cm腰省需在两个省内合理分配。领窝的双省关于胸点左右对称，腋下省平均分配至两个领窝省。

③对襟设计。为突出腰身，最低一粒扣设计在腰节。

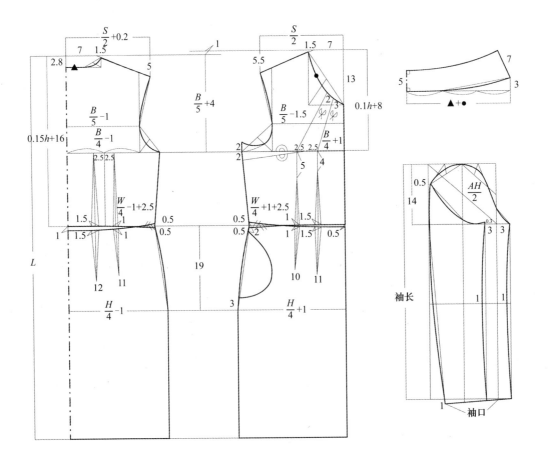

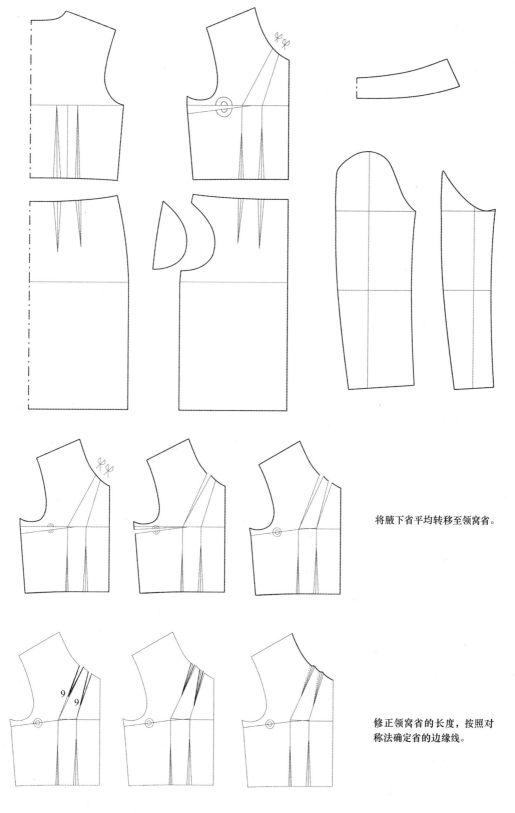

将腋下省平均转移至领窝省。

修正领窝省的长度，按照对称法确定省的边缘线。

图3-18

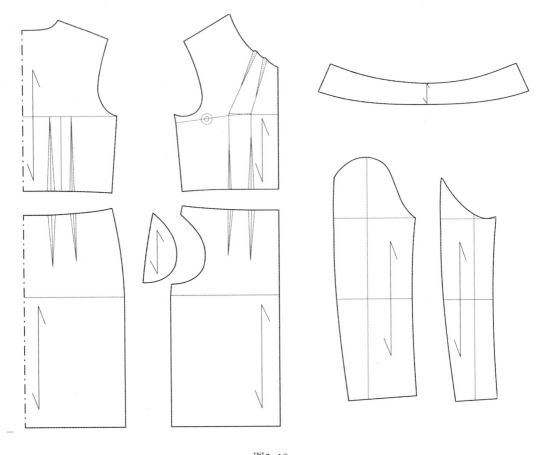

图3-18

例18. 休闲风衣（图3-19）

款式特点：宽松型，有风帽，复肩，大贴袋，腰间抽松紧。宽松款式的前后围度调节量减至0.5cm。三片式风帽由基础两片式风帽分割得到。

参考尺寸：

（单位：cm）

	L	B	H	S	袖长	袖口
净尺寸	80	86	92	40	56	15
放松量		+24	+24			
产品尺寸	80	110	116	40	56	15

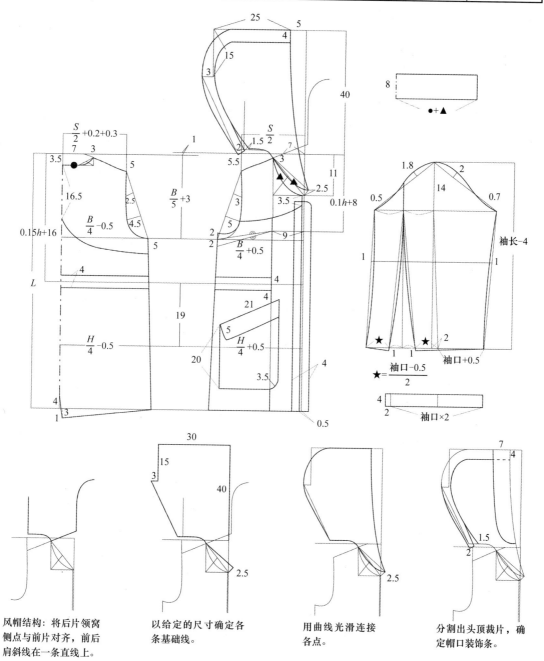

风帽结构：将后片领窝
侧点与前片对齐，前后
肩斜线在一条直线上。

以给定的尺寸确定各
条基础线。

用曲线光滑连接
各点。

分割出头顶裁片，确
定帽口装饰条。

图3-19

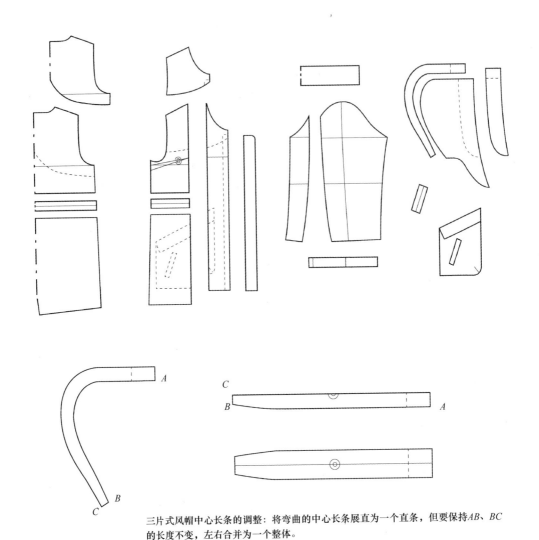

三片式风帽中心长条的调整：将弯曲的中心长条展直为一个直条，但要保持AB、BC的长度不变，左右合并为一个整体。

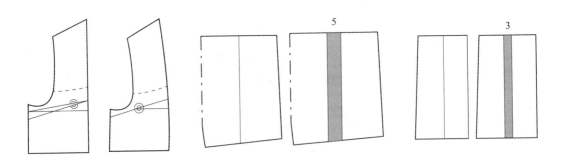

前片合并腋下省，将其转移为肩省，与分割线结合。

后片下摆部分平行放出5cm褶量。

前片下摆部分平行放出3cm褶量，由于裁片较窄，所放褶量不应过大。

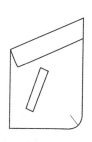
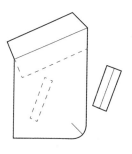

立体贴兜兜口外翻边依对称法展开，兜布上的单开线兜的开线对折展开。

立体兜的结构：A是省尖的位置。

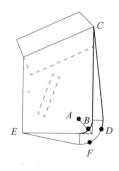
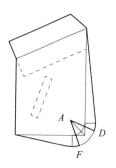

设计立体兜圆角处的厚度2cm。如图连接各条线段，大圆角与小圆角的曲线平行。

测量CB的长度，在纵向外弧线上量取CD=CB；同理在兜底部外弧线上量取EF=EB，三角形ADF即为立体兜的省。

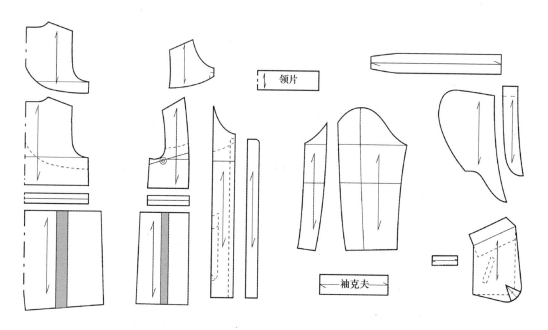

图3-19

二、褶的结构实例分析

例19．西装领大衣（图3-20）

款式特点：合体型，西装领，半断腰与公主线结合，腰节下兜口处设计大褶。

参考尺寸：

（单位：cm）

	L	B	W	H	S	袖长	袖口
净尺寸	90	86	68	92	40	55	13
放松量		+10	+12	+10			
产品尺寸	90	96	80	102	40	55	13

结构分析：

①胸围放松量较小，因此袖窿深调节量应适当加大，以满足大衣的袖窿深需要。

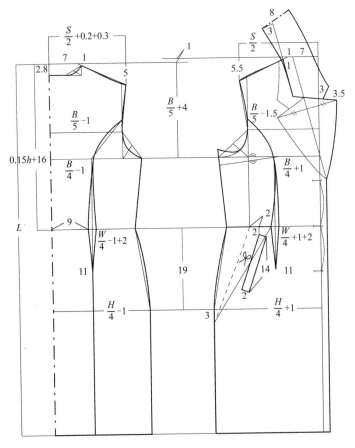

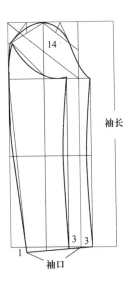

②前侧为断腰结构，公主线只到腰节。由于后片为直身结构，因此，前片腰侧点不能给予补充和调节。

③前片腰节设计半分割线为腰节下大褶的结构变换提供可能。

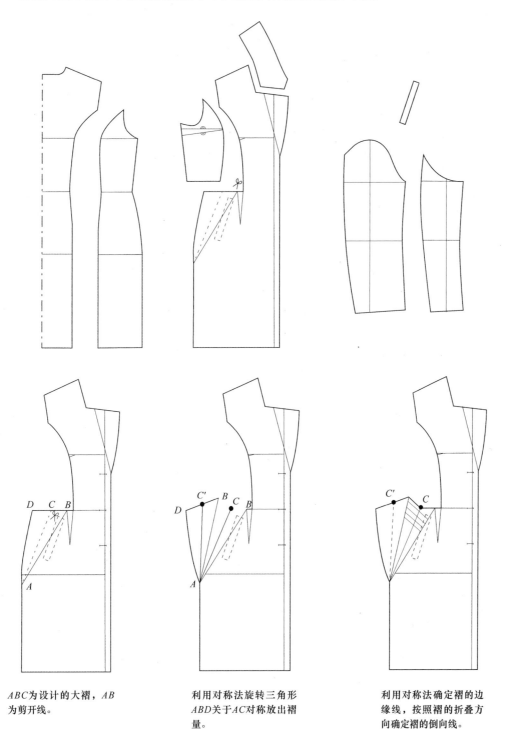

ABC为设计的大褶，AB 为剪开线。

利用对称法旋转三角形 ABD关于AC对称放出褶量。

利用对称法确定褶的边缘线，按照褶的折叠方向确定褶的倒向线。

图3-20

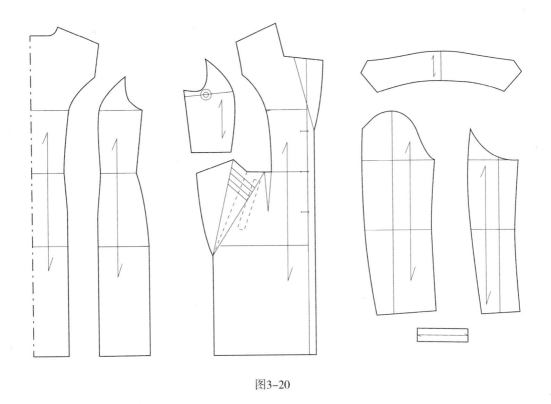

图3-20

例20. 茧型大衣（图3-21）

款式特点：宽松的茧型结构，立领与平领结合的综合领形，双排扣，圆廓形、收口两片袖。

参考尺寸：

（单位：cm）

	L	B	H	S	袖长	袖口
净尺寸	100	86	92	40	55	14
放松量		+18	+24			
产品尺寸	100	104	116	40	55	14

结构分析：

①宽松款式，只在腰侧点略收腰。按照廓形下摆需要收一定量，收量以不影响正常活动为准。

②胸点附近设计U形分割线，下至胸部下缘，可以使胸部曲线更加突出、优美。双排扣搭门左右对称。

③宽松袖形袖山降低。浑圆的袖子构成现代流行的曲线形式，因此，在结构上袖中线应当凸起。

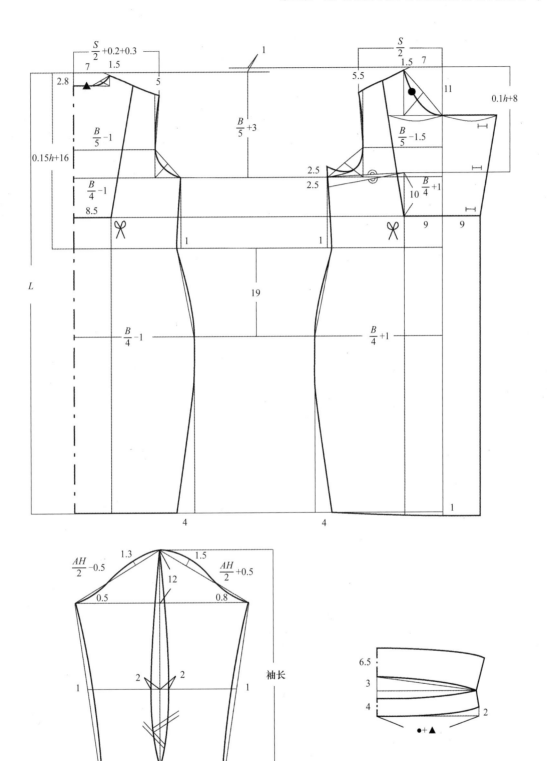

图3-21

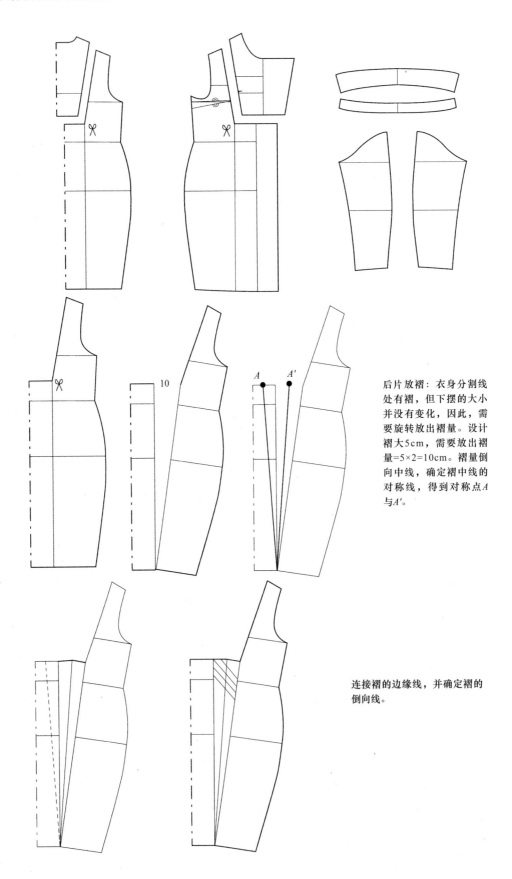

后片放褶：衣身分割线处有褶，但下摆的大小并没有变化，因此，需要旋转放出褶量。设计褶大5cm，需要放出褶量=5×2=10cm。褶量倒向中线，确定褶中线的对称线，得到对称点A与A'。

连接褶的边缘线，并确定褶的倒向线。

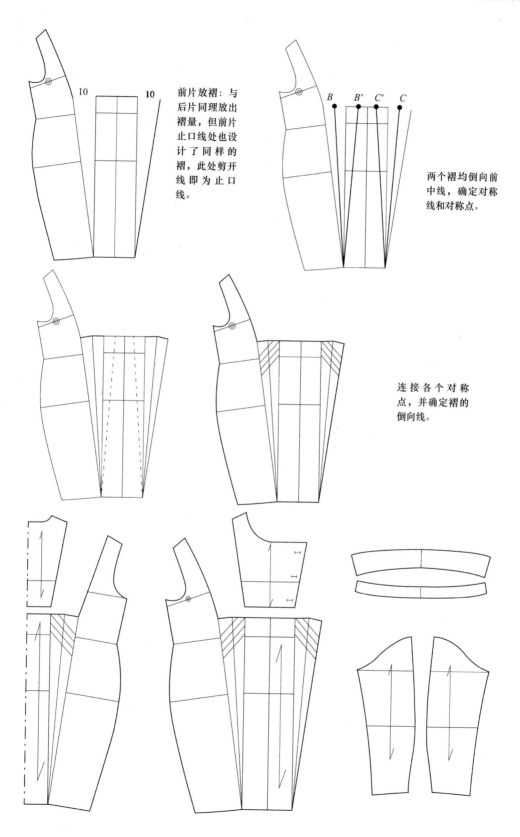

前片放褶：与
后片同理放出
褶量，但前片
止口线处也设
计了同样的
褶，此处剪开
线即为止口
线。

两个褶均倒向前
中线，确定对称
线和对称点。

连接各个对称
点，并确定褶的
倒向线。

图3-21

第三节 连衣裤结构设计实例分析

连衣裤与连衣裙在结构上的最大区别是：第一，裤子后片有后翘，腰口曲线呈倾斜状，衣身与裤片相连，必须以这条倾斜的腰口线为基础，因此，连衣裤后片衣身部分往往是倾斜的。第二，连衣裤在穿着时受到裆的牵扯，坐与活动都会受到一定限制，因此，连衣裤的立裆深较一般裤子深，以满足正常蹲、坐的需要。

连衣裤裆深的基础公式仍为$\frac{H}{4}$+调节量，但调节量与裤子有所不同。在蹲、坐时，由于受衣身部分的拉拽，连衣裤没有向下的余地，为避免裆部过紧，需要增加裆深的量。多数人体净裆深=$\frac{H^*+4}{4}$，坐和下蹲时后裆所需增加3~5cm，因此，连衣裤的裆深=$\frac{H^*+4}{4}$+3~5cm=$\frac{H^*+16~24cm}{4}$，其中16~24cm成为裆深的预定活动量。也就是连衣裤的臀围放松量在临界值16cm以下时，需要增加一定量以补充裆深的不足；裆深在24cm以上时，可适当减少裆深，以免裆部过深影响正常活动，所以立裆深调节量=$\frac{（16~24）（预定活动量）-臀围放松量}{4}$。

一、断腰连衣裤结构实例分析

例21．抹胸连衣筒裤（图3-22）

款式特点：合体型，断腰式连衣裤；抹胸式衣身，筒裤结构。

参考尺寸：

（单位：cm）

	L	B	W	H	S	胸宽	背宽
净尺寸	138	86	68	92	39	33	34
放松量		+4	+6	+8			
成品尺寸	138	90	74	100	39	33	34

结构分析：

①抹胸式衣身的胸围放松量很小，并在胸部边缘线收较大的省量，以保证穿着的安全性。

②礼服风格的连衣裤活动量较小，因此确定预定活动量为16cm，则裆深调节量=$\frac{16（预定活动量）-8（放松量）}{4}$=2cm。

③胸部下缘有横向分割线，利用这条分割线可以对胸高量进行补充。

④后片设计背缝，背缝省与腰省之和与前片省量之差符合要求。

⑤在连衣裤结构设计中，按照人体的不同，胸、腰、臀调节量的设计成为关键，腰围作为分割上、下纸样的中间部位，具有重要的协调作用。以前片为例，三围的调节量：$\frac{B}{4}+0.5$、$\frac{W}{4}+0$、$\frac{H}{4}-0.5$。衣身和裤子的腰省量不同，但上、下省道的位置应相同，保证外观效果。

⑥筒式裤子不需要落裆，且腰侧点必须在立裆线以内，在确定裤子腰省的时候需要考虑到这一点。

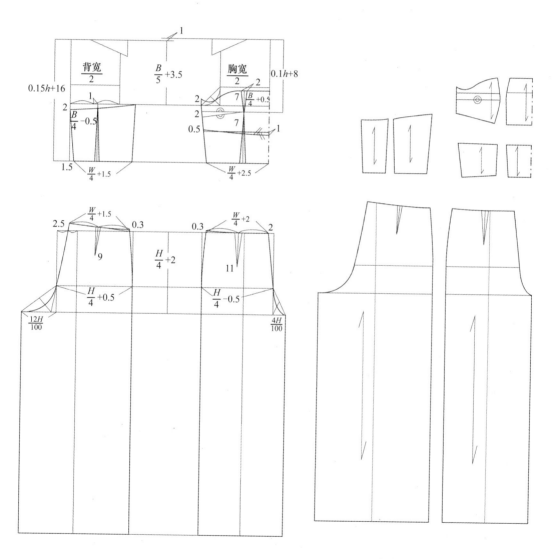

图3-22

例22．断腰七分连衣裤（图3-23）

款式特点：较合体型，断腰式连衣裤。后中线装隐形拉链，衣身中线抽褶，裤子前片设计两条顺褶。

参考尺寸：

（单位：cm）

	L	B	W	H	S	胸宽	背宽	裤口
净尺寸	125	86	68	92	39	33	34	16
放松量		+10	+12	+18				
成品尺寸	125	96	80	110	39	33	34	16

结构分析：

①按照款式立裆深略宽松，因此在立裆的预定活动量16～24cm中确定活动量为22cm，所以立裆深调节量$=\dfrac{22（预定活动量）-18}{4}$=1cm。

②按照裤子的结构原理，腰围省量应在臀腰差的合理范围之内选择。本款臀腰差较大，前片设计两条顺褶，可以在允许范围3.75~5cm内确定省量5cm。设计每条褶的褶量为4cm，所不足的量剪开补充。

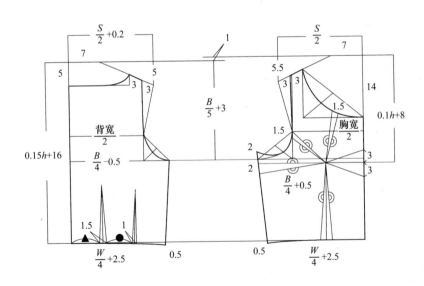

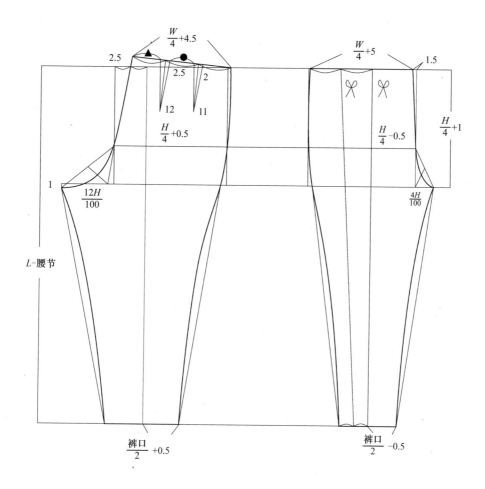

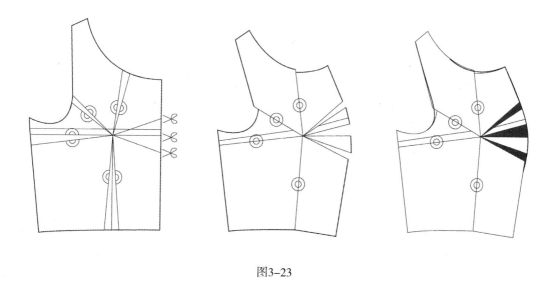

图3-23

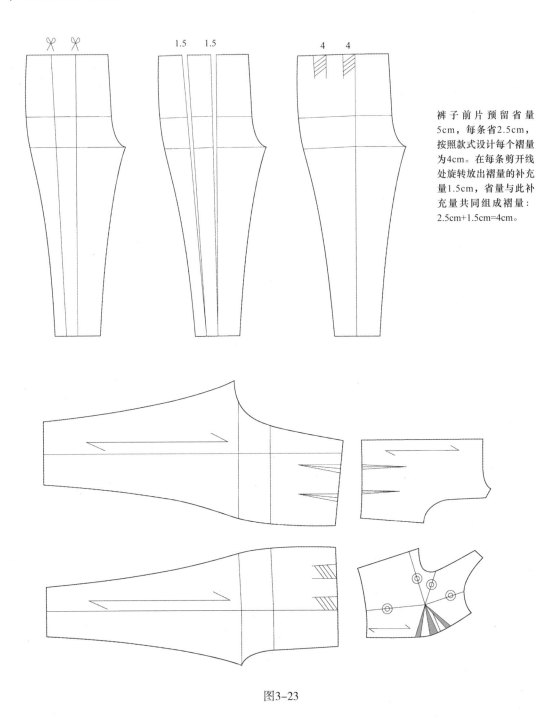

裤子前片预留省量5cm，每条省2.5cm，按照款式设计每个褶量为4cm。在每条剪开线处旋转放出褶量的补充量1.5cm，省量与此补充量共同组成褶量：2.5cm+1.5cm=4cm。

图3-23

二、直身式连衣裤结构实例分析

例23. 牛仔直身式连衣裤（图3-24）

款式特点：较合体型，直身结构。衣身及裤子门襟均为明贴边、装拉链、立领、两片袖，贴兜，裤子前片有纵向分割线。

参考尺寸：

（单位：cm）

	L	B	W	H	S	袖长	裤口	袖口
净尺寸	136	86	68	92	39	55	18	12
放松量		+10	+12	+8				
成品尺寸	136	96	80	100	39	52+3	18	12

结构分析：

① 裤子臀围放松量较小，裆深必须满足一定量，才能保证连衣裤穿着舒适与活动方便。因此，裆深调节量

$$=\frac{20（预定活动量）-8（放松量）}{4}=3cm。$$

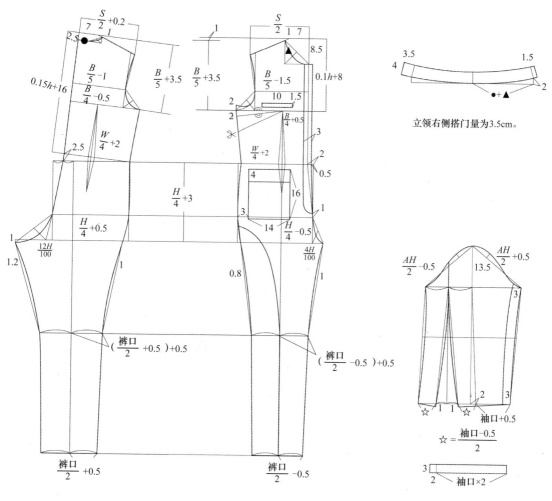

立领右侧搭门量为3.5cm。

图3-24

　　②衣身明贴边宽3cm，与裤子门襟连为一个整体。裤子前片中线向里收进2cm，以该点的位置确定衣身的中线，明贴边关于中线对称。

　　③后衣片中心线与后腰口斜线垂直。

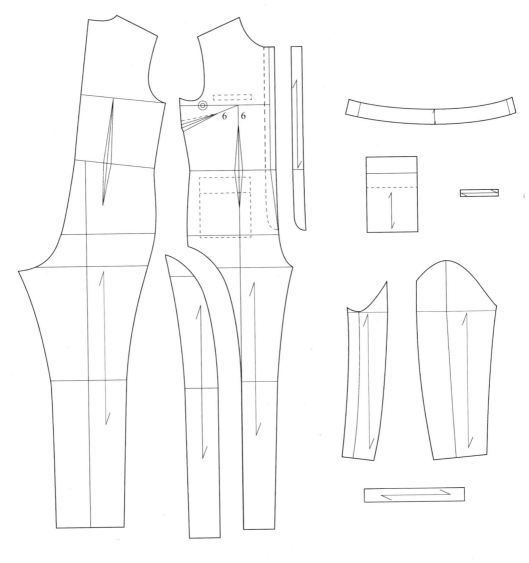

图3-24

课后思考题

　　1．根据每节内容，设计相应款式，并进行结构分析、绘制结构图。

　　2．较为复杂款式的结构分析对于拓展结构设计的思维具有很好的作用，读者可以利用纸样辅助理解其分析过程。